Rotinas em transplante de fígado, pâncreas e rim.

2015

Rotinas em transplante de fígado, pâncreas e rim.

Editado por

Fábio Silveira
Cirurgia do Aparelho Digestivo, Instituto para Cuidado do Fígado e Hospital do Rocio

Colaboradores

Cassia Regina Sbrissia Silveira
Hepatologia, Instituto para Cuidado do Fígado e Hospital do Rocio

Fábio Porto Silveira
Cirurgia do Aparelho Digestivo, Instituto para Cuidado do Fígado e Hospital do Rocio

Fabíola Pedron Peres da Costa
Nefrologia, Instituto do Rim, Instituto para Cuidado do Fígado e Hospital do Rocio

Aos amores de minha vida,
minha esposa Cassia
e meus filhos Pedro e Lara.

Declaração

A medicina é uma ciência em constante atualização. As informações contidas nesse livro estão atualizadas conforme o melhor conhecimento do autor e colaboradores. As informações aqui contidas não podem e não substituem a relação médico-paciente necessária para o sucesso da atividade transplantadora.

Contato para sugestões pode ser realizado através do endereço eletrônico: consultas@icfigado.org.br

O Instituto para Cuidado do Fígado (ICF) é uma associação não governamental, sem finalidade lucrativa, que possui o intuito de atender com qualidade os pacientes portadores de doenças do fígado. Possui atividades assistenciais (consultas, cirurgias, transplantes); atividades educativas (publicação de livros, palestras e campanhas educativas) e atividades de pesquisa (artigos científicos, estudos clínicos e cirúrgicos).

As atividades da associação são mantidas através de financiamento privado, por princípio não são aceitos recursos públicos.

Para conhecer mais, acesse: www.icfigado.org.br

Direitos autorais do texto original © 2015 Instituto para Cuidado do Fígado

Todos os direitos reservados.

ISBN 978-1-329-40103-7

Nota do Editor

A idéia de produzir o presente livro surgiu durante os preparativos do processo de credenciamento para a realização de transplante de órgãos abdominais (fígado, pâncreas e rim). A publicação não é resultado de um trabalho iniciado "do zero", e sim da compilação dos protocolos de condutas agrupados na rede mundial de computadores em um formato de uma *wiki*, utilizada e aprimorada há vários anos pela equipe médica do Centro Digestivo e Transplante de Órgãos (CDTO), mantenedora do Instituto para Cuidado do Fígado (ICF).

O destino nos propiciou a oportunidade e a responsabilidade de auxiliar na implementação de um novo programa de transplante em uma grande, bem estruturada e dinâmica estrutura hospitalar – Hospital do Rocio. Nossa intenção não é substituir diversas publicações de referência sobre o tema, é simplesmente materializar nosso compromisso com a adoção de protocolos clínicos condizentes com a Medicina Baseada em Evidências, homogeneizando condutas, racionalizando custos e facilitando o treinamento de futuros, novos e necessários colegas médicos e de outras áreas de saúde envolvidas no serviço de transplante da instituição.

A organização do material segue um racional que o cerne da atividade transplantadora é uma incessante batalha contra o nosso sistema imunológico, independente do órgão transplantado. Esse conceito nos desafiou a compilar nosso protocolo de condutas agrupando todos os órgãos na mesma sequência lógica do pré ao pós-transplante. As condutas preconizadas além de embasadas nas melhores evidências atualmente disponíveis, incorporaram padrões de qualidade exigidos pela legislação de transplantes brasileira (SNT) e norte-americanas (OPTN).

Visualizando uma árvore, nossa equipe tem raízes provenientes de estruturada educação familiar e formação médica sólida. Nossa experiência na área cirúrgica e em transplante germinou sob o auspício da Pontifícia Universidade Católica do Paraná (Hospital Universitário Cajuru e Irmandade da Santa Casa de Misericórdia de Curitiba) e cresceu na Sociedade Hospitalar Angelina Caron. Somos gratos aos vários colegas que durante os últimos 10 anos de maneira direta ou indireta contribuíram para nosso crescimento pessoal e profissional. Sabemos que os princípios técnicos expostos no texto vindouro são complementares as habilidades clínicas tradicionais e jamais podem se sobrepor as reconhecidas virtudes da observação judiciosa, da capacidade de julgamento e da compaixão pelo paciente – esse último a razão de nossa atividade.

Desde já agradecemos sugestões e deixamos as portas abertas para colaboradores de nossa *wiki*, o que possibilitará a incorporação de novos capítulos para futuras edições.

Nossa *wiki* está hospedada em: www.cdto.med.br/wiki

Fábio Silveira

Conteudo

Rotinas gerais   1

Seleção de potenciais receptores   1
Protocolo pré-transplante   5
Aconselhamento pré-transplante   7
Inscrição para transplante   8
Sistema Nacional de Transplantes   9
Imunologia do transplante   11
Manejo do paciente em lista de espera   13
Doador em morte encefálica   15
Doador vivo   20
Captação de órgãos   23
Admissão de paciente para o transplante   24
Preparo de cirurgia   26
Manejo peri-operatório e pós-operatório imediato   28
Disfunção inicial do enxerto   34
Rotinas de enfermagem   36
Imunossupressão   39
Drogas imunossupressoras   42
Rejeição aguda   47
Manejo de enfermaria   51
Acompanhamento ambulatorial pós-transplante   53
Admissão de paciente pós-transplante   57
Disfunção tardia do enxerto   61
Doenças infecciosas   63
Vacinação   68

Rotinas específicas   70

Manejo do cirrótico descompensado   70
Ascite   71
Peritonite bacteriana espontânea   73
Hemorragia digestiva alta varicosa   74
Varizes esôfágicas   76
Encefalopatia hepática   76

Hepatocarcinoma	78
Síndrome hepato-renal	81
Síndrome hepato-pulmonar	82
Hipertensão porto-pulmonar	83
Quimioembolização	83
Não funcionamento primário do enxerto	84
Profilaxia de re-infecção do vírus B pós-transplante hepático	84
Fígado dividido	85
Lesão crônica do aloenxerto	87
Osteopenia	87
Hipertensão arterial sistêmica	88
Diabete melito	89
Sobrevida e resultados	90

Adendos — 91

Consentimento informado	91
Referências bibliográficas	95
Fonte dos artigos e contribuidores	98
Fonte das imagens, licenças e contribuidores	99

Rotinas gerais

Seleção de potenciais receptores

Racional
- TR é o melhor tratamento para pacientes com doença renal terminal (DRT) → melhor sobrevida quando comparada a diálise.
- TP permite a independência da insulina, mantem a normoglicemia, melhora a qualidade de via e interfere no desenvolvimento de complicações secundárias do DM.
- TH é o melhor tratamento para paciente com doença hepática terminal, melhora a sobrevida e a qualidade de vida.

Indicação de transplante

Rim
- Todos pacientes com DRT grau 5 ou em diálise devem ser considerados para transplante.

Pâncreas
- Transplante de pâncreas-rim simultâneo (TPRS): DM tipo I com nefropatia avançada (clearance de creatinina <20)
- Transplante de pâncreas após-rim (TPAR): DM tipo I após transplante de rim bem-sucedido (clearance creatinina >40)
- Transplante de pâncreas isolado (TPI): DM tipo 1 com episódios severos e freqüentes de hipoglicemia resultantes de neuropatias autonômicas (clearance creatinina >50-70). Recomendação *American Diabetes Association*: deve preencher os seguintes critérios, a saber: 1) história frequente de complicações metabólicas agudas e graves (como hipoglicemia, hiperglicemia e cetoacidose); 2) problemas clínicos e emocionais com a terapia de insulina exógena que sejam tão graves a ponto de serem incapacitantes; 3) falha consistente do manuseio da insulina para prevenir complicações agudas.

Fígado
- Child B (>7 pontos); MELD >15.
- Indicações para MELD<15 mais comuns: hepatocarcinoma dentro dos critérios de Milão e ascite refratária. Indicações menos comuns: síndrome hepato-pulmonar, prurido intratável em doenças colestáticas.
- Indicações de TH:

Indicações comuns	Indicações raras

Cirrose biliar primária	Doenças metabólicas
Colangite esclerosante primária	Doença policística
Fibrose cística	Síndrome Budd-Chiari
Atresia biliar	Neoplasma (excluindo hepatocarcinoma)
Cirrose por hepatite C	Amiloidose
Cirrose por hepatite B	
Cirrose criptogênica	
Cirrose relacionada ao álcool	
Cirrose autoimune	
Hemocromatose	
Deficiência alfa-1-antitripsina	
Doença de Wilson	
Insuficiência hepática aguda	
Hepatocarcinoma	

Contra-indicações

- Doença maligna não controlada.
- Doença infecciosa não controlada.
- Doença cardiovascular grave.
- Abuso ativo de álcool / drogas
- Rede de suporte social inadequado
- Incapacidade de aderência ao tratamento pós-transplante
- Barreiras técnicas / anatômicas
- Qualquer condição com expectativa de vida < 5 anos.
  - Específicas TPRS, TPAR: IMC>28, amputações maiores (membros).
  - Específicas TPI: proteinúria (3,5g/24h), clearance de creatinina <50 e biópsia renal que apresente alterações diabéticas→indicar TPRS.
  - Específicas TH: trombose mesentérica / portal extensas.

Avaliação

- Transplante renal (TR): nefrologista, urologista e cirurgião de transplante.
- Transplante de pâncreas (TP): nefrologista, urologista e cirurgião de transplante.
- Transplante hepático (TH): hepatologista e cirurgião de transplante.

Em todas as modalidades de transplante são realizadas avaliações das seguintes disciplinas: enfermagem, nutrição, psicologia, assistência social e odontologia.

Objetivos da avaliação

- Avaliação pré-transplante não exclui pacientes baseado em fatores como raça, etnia, religião, nacionalidade, gênero ou orientação sexual.
- Avaliar se as condições clínicas são adequadas para o transplante, com ênfase nas questões cardio-vasculares.
- Assegurar que o transplante é cirurgicamente possível.
- Identificar a necessidade de potenciais intervenções clínicas e/ou cirúrgicas no pré-transplante.
- Identificar a necessidade/disponibilidade da doação inter-vivos.
- Informar os riscos e benefícios a curto e longos prazos.
- Fornecer material educacional impresso.

Etapas da avaliação

- Etapa 1: constituída da avaliação do diagnóstico da doença, do prognóstico e da presença ou não de indicação de transplante.

Rim	Fígado	Pâncreas
US de vias urinárias Creatinina	BT	Peptídeo C
Uréia	HMG	US vias urinárias
	TAP	Creatinina
	RNI	Uréia
	Creatinina	
	Sódio	
	Albumina	
	US de abdome total	

- Etapa 2:
    - Protocolo pré-transplante.
    - Aprovação da inscrição pela maioria dos membros da equipe. Na eventualidade de indicações omissas ao protocolo, a situação será discutida caso-a-caso pela equipe transplantadora. Em situações de urgência/emergência a inscrição em lista de espera poderá ser realizada antes da aprovação da maioria dos membros da equipe, não eximindo a necessidade de envio do caso para apreciação dos demais membros da equipe.
- Etapa 3:
    - Orientações ao paciente a respeito do diagnóstico, prognóstico e necessidade do transplante.
    - Preenchimento dos critérios para a entrada em lista de espera de transplante.(Legislação de transplantes)
    - Inscrição para transplante
    - Inserção do paciente no Sistema Nacional de Transplantes

Benefícios do transplante

- Melhora da sobrevida do paciente.
- Melhora da qualidade de vida do paciente e família.
- Diminuição de custos.

Arquivos relacionados

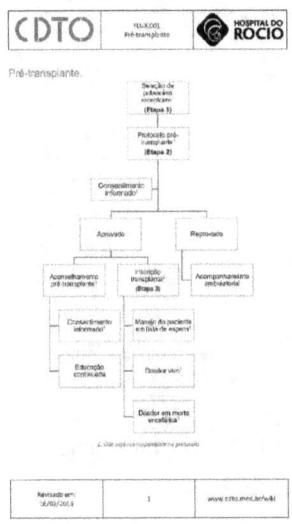

FLUX001.Pré-transplante

Protocolo pré-transplante

Avaliações

Órgão	Exames laboratoriais	Exames de imagem	Sorologias	Avaliações
Comum a todos os órgãos	ALT / AST / FA / BT / GGT / TAP / RNI / PT HMG / Uréia / Creatinina / Sódio / Potássio Glicemia / Triglicerídeos / LDL / HDL / CT / PSA / TSH / Ác úrico Tipagem sanguínea[1] / Parcial de urina / Parasitológico de fezes	(US) de abdome total ECG / ecocardiograma RX tórax / Espirometria Endoscopia digestiva alta	Anti-HAV IgG / HbsAg / Anti-Hbs / Anti-Hbc IgG / Anti-HCV / Anti-HIV / Anti-HTLV I e II Chagas IgG / CMV IgG / EBV IgG / Toxoplasmose IgG / Sífilis IgG / PPD	Cirurgia Cardiologia Pneumologia Serviço Social Nutrição Psicologia
Rim	LDH / Cálcio / Fósforo Clearance de creatinina/Proteinúria 24h	UCM / Doppler vasos ilíacos Ecocardio ou cintilografia com estresse farmacológico		Nefrologia Urologia
Pâncreas	Peptídeo C / Hb glicada Amilase / lipase Clearance de creatinina/ Proteinúria 24h	UCM / Doppler vasos ilíacos Ecocardio ou cintilografia com estresse farmacológico		Nefrologia Oftalmologia
Fígado	Alfa-fetoproteína / ferro sérico / ferritina / IST	TAC abdome superior com contraste IV	Ceruloplasmina / Alfa-1-antitripsina / Ac-AML / Ac anti-mitocôndria / FAN	Hepatologia

1. Necessariamente duas coletas em momentos diferentes.

Doenças infecciosas

- Conhecer perfil microbiológico dos pacientes com histórico de infecções.

Rim

- Infecções relacionadas a cateter de hemodiálise;
- Peritonite em pacientes com diálise peritoneal;
- Infecções de trato urinário complicadas.

Pâncreas

- Infecção de ferida e osteomielite relacionada a neuropatia diabética.

Fígado

- Peritonite bacteriana espontânea.
- Colangites de repetição.

Avaliação cardiovascular

Segue *guidelines*:

- American College of Cardiology: Arquivo:2014 ACA Guideline on perioperative cardiovascular evaluation and management of patients undergoing nocardiac surgery
- Sociedade Brasileira de Cardiologia: II Diretriz de Avaliação Perioperatória da Sociedade Brasileira de Cardiologia

Avaliação urológica

Indicações para nefrectomia de transplante.	Indicações para nefrectomia nativa.
Perda aguda do enxerto causada por trombose vascular ou rejeição grave.	ITU persistente
Rejeição aguda persistente do enxerto perdido (para permitir ↓ imunossupressão)	Rins policísticos
Remover fonte de infecção ou inflamação persistente	Transformação maligna
Liberar espaço para um futuro transplante	
Lesão maligna no enxerto	
Redução de risco de sensibilização durante a ↓ da imunossupressão	

Arquivos relacionados

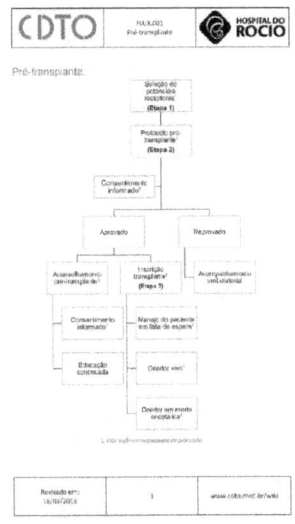

FLUX001.Pré-transplante

Aconselhamento pré-transplante

	O que deve ser orientado e discutido com o paciente
Comum a todos os órgãos	Procedimentos de avaliação e entrada em lista de espera.
	Seleção de doadores e opções existentes, incluindo doadores de critérios expandidos.
	Procedimento cirúrgico do transplante.
	Mortalidade peri-operatória e possíveis complicações.
	Complicações cirúrgicas gerais(abcesso, sangramento, reoperação).
	Dados de sobrevida nacional vs dados de sobrevida do nosso centro transplantador.
	Necessidade de imunossupressão por toda a vida e suas possíveis complicações.
	Importância da aderência ao tratamento e cuidados pós-operatórios.
	Risco de transmissão de doenças ou transmissão de câncer do doador.
	Pacientes tem o direito de negar órgãos ofertados.
	Tratamentos alternativos ao transplante.
Fígado	O risco de não-funcionamento primário do enxerto.
	Trombose de artéria hepática, trombose de veia porta, vazamento bile/estenose.
	Risco de re-transplante de emergência
Rim	Risco de retorno à diálise.
	Risco de trombose da artéria renal e veia renal.
	Risco de vazamento de urina ou estenose de anastomose ureteral.
Pâncreas	Risco de trombose arterial e venosa do enxerto.
	Risco de vazamento de conteúdo intestinal.
	Risco de desenvolvimento de diabetes tipo II no pós-transplante.

Arquivos relacionados

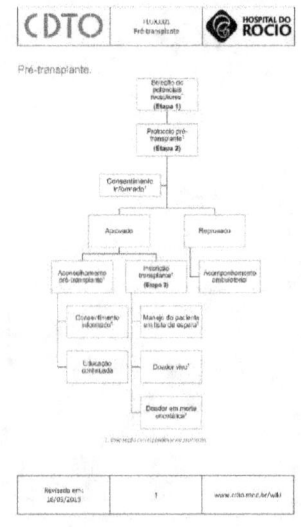

FLUX001.Pré-transplante

Inscrição para transplante

Uma vez terminada a seleção de potenciais receptores de transplante, seguem-se as etapas para a listagem de um paciente:

1. Kit Inscrição de Transplante;
    1. Carta de listagem no programa de transplante;
    2. Orientações a respeito da legislação;
    3. Termos de consentimento de aderência ao programa de transplante (duas vias);
    4. Termos de consentimento para a cirurgia de transplante (duas vias):
    5. Termos de consentimento para utilização de doadores de critérios expandidos (duas vias):
    6. Material educativo
2. Preencher a ficha de cadastro de transplantes;
3. Cópia do RG, CPF, comprovante de residência e Cartão Nacional do SUS (último não obrigatório). O cartão do SUS pode ser obtido de maneira imediata na Unidade de Saúde próxima da casa do paciente.
4. Preencher inscrição em lista de espera no Sistema Nacional de Transplantes.
5. Fornecer ao paciente cópia da ficha de inscrição no Sistema Nacional de Transplantes.
6. Coleta de amostra de sangue para tipificação HLA e painel HLA.

Arquivos relacionados

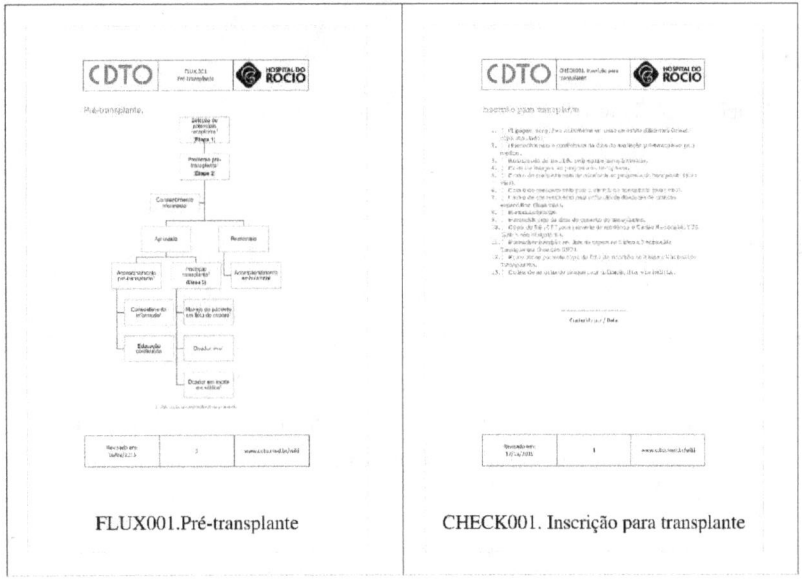

FLUX001. Pré-transplante

CHECK001. Inscrição para transplante

Sistema Nacional de Transplantes

Formulários

Fígado

1. Urgência fígado: [1]
2. Hepatocarcinoma: [2]
3. Ascite refratária: [3]
4. Colangite de repetição: [4]
5. Encefalopatia hepática: [5]
6. Prurido intratável: [6]
7. Prurido intratável - qualidade de vida: [7]

Rim e Pâncreas

1. Priorização por falta de acesso: [8]

Doador vivo

1. Notificação de transplante de rim com doador vivo: [9]
2. Notificação de transplante de fígado com doador vivo: [10]
3. Termo de disposição gratuita: [11]

Termo de opção centro transplantador: [12]

Inserção no sistema

A inserção do paciente no Sistema Nacional de Transplantes deve ser realizada da seguinte maneira.

1) Acessar http://snt.saude.gov.br

2) Inserção do usuário / senha.

3) Escolha da equipe onde o paciente será inscrito.

4) Preenchimento dos dados do paciente a ser transplantado.

5) A aba de ficha complementar se refere as características dos potenciais doadores. Deve ser preenchida conforme o protocolo de Doador em morte encefálica.

6) Após a inserção do paciente no sistema com sucesso, o comprovante de inscrição deve ser impresso e anexado aos termos de consentimento assinados, assim como fornecer uma cópia ao paciente.

Situação especial

Hepatocarcinoma

A listagem dos pacientes candidatos a transplante hepático por hepatocarcinoma, observada a legislação de transplantes, devem seguir os seguintes passos:

1. Inserção do paciente no Sistema Nacional de Transplantes (Inserção no sistema);
2. Preenchimento do formulário de listagem de carcinoma hepatocelular, contendo os dados técnicos que preenchem os critérios da legislação;[2]
3. Relatório médico do caso;([13])
4. Encaminhamento do formulário acima descrito, em conjunto com as cópias dos exames laboratoriais e de imagem, à Central Estadual de Transplantes.

5. Anexar cópia dos exames e solicitação ao prontuário do paciente.

Urgência

Insuficiência hepática aguda grave

A listagem dos pacientes candidatos a transplante hepático por insuficiência hepática aguda grave, observada as regras vigentes, devem seguir os seguintes passos:

- Inserção do paciente no Sistema Nacional de Transplantes. (Inserção no sistema)

- Preenchimento do formulário de listagem de insuficiência hepática aguda grave; (Solicitação de urgência de fígado [14])

- Relatório médico do quadro clínico em questão; (Relatório Médico [15])

- Encaminhamento do formulário, relatório médico e as cópias dos exames laboratoriais pertinentes à Central Estadual de Transplantes do Paraná [16].

Disponível na web

[1] http://1drv.ms/1L3HkXL
[2] http://1drv.ms/1BilwlH
[3] http://1drv.ms/15gFVvE
[4] http://1drv.ms/15gGbuy
[5] http://1drv.ms/1yTrITe
[6] http://1drv.ms/1unYOnc
[7] http://1drv.ms/1CGJRAS
[8] http://1drv.ms/1yTz8pz
[9] http://1drv.ms/1yTxDI5
[10] http://1drv.ms/1yTxTXo
[11] http://1drv.ms/1yTxa8I
[12] http://1drv.ms/1unZaKg
[13] http://1drv.ms/1t36S15
[14] http://www.cdto.med.br/wiki/arquivos/urgencia_figado.doc
[15] http://www.cdto.med.br/wiki/arquivos/urgencia_iha.doc
[16] http://www.sesa.pr.gov.br/modules/conteudo/conteudo.php?conteudo=2929

Imunologia do transplante

Monitorização imunológica do transplante, conforme protocolo do Laboratório de Imunologia do Transplante do Hospital Universitário Cajuru.

Protocolo fígado e pâncreas isolado

1. **Preparo do Paciente:**
    1. Tipificação HLA - Na inscrição;
    2. Painel HLA - Na inscrição e um a cada 6 meses ou 21 dias apos transfusão sanguínea.
    3. Análise de risco?
2. **Transplante:**
    1. Prova Cruzada;
    2. Analise da presença de DSA.
3. **Monitoramento Pós-Transplante:**
    1. Paciente Nao sensibilizado:
        1. Painel no 7° PO, 14° PO, 30° PO, 60° PO, 90° PO, 120° PO e 150° PO. Apos o 5° mes, 1 ano e cada 6 meses.
        2. Caso tenha alteraçoes no painel será proposto um novo protocolo de coleta.
    2. Paciente Sensibilizado SEM DSA: .
        1. Painel no 3° PO, 7° PO, 14° PO, 30° PO, 60° PO, 90° PO, 120° PO e 150° PO.Apos o 5° mes, 1 ano e cada 6 meses;
        2. Caso tenha alterações do painel será proposto um novo protocolo de coleta.
    3. Paciente Sensibilizado COM DSA:
        1. Painel no 3° PO, 7° PO, 14° PO, 30° PO, 60° PO, 90° PO, 120° PO e 150° PO. Após o 5° mes, 1 ano e cada 6 meses;
        2. A cada ajuste ou troca de imunossupressor, 1 coleta antes e outra 7 dias após.No caso te terapias de resgate observar o período de coleta após a terapia;
        3. Caso tenha alterações do painel será proposto um novo protocolo de coleta.
4. **Monitoramento de Terapias de Redução de Anticorpos ou de Resgate Imunológico:**
    1. Segue o protocolo do transplante renal.

Protocolo rim, pâncreas-rim e fígado-rim

1. **INSCRICAO NA CENTRAL DE TRANSPLANTE**
    1. Tipificação HLA: 1 tubo de 5ml com anticoagulante EDTA;
    2. Painel: 01 tubo de 8ml SEM anticoagulante.

NOTA: O soro deverá ser enviado ao laboratório a cada 60 dias no Kit Soroteca para atualização do soro no Sistema Nacional de Transplante. O exame de PRA para os pacientes em lista são realizados de acordo com a Portaria n°3193/GM de 24 de dezembro de 2008:

- Pacientes não sensibilizados: 2 exames de PRA por ano.
- Pacientes Hipersensibilizados: 4 exames de PRA por ano.

EXCEÇÃO: Pacientes em Protocolo de Terapia de Redução de Anticorpos - Realizado exame de PRA mensalmente.

1. **DOADOR VIVO:**
   1. Primeira Triagem:
      1. Tipificação HLA do receptor e possível doador;
      2. Prova Cruzada e autoprova cruzada;
      3. Painel
   2. Prova Cruzada pré-cirúrgica (entre 2 a 7 dias antes do transplante):
      1. Prova Cruzada e autoprova - amostras de soro recente e históricas.
      2. Painel.
2. **DOADOR FALECIDO:**
   1. Prova Cruzada com soros recente e histórico;
      1. Paciente não sensibilizado: últimos 4 soros (resultado reagente em pelo 1 dos soros, contraindica o recebimento do enxerto);
      2. Pacientes Sensibilizados: soro recente e os 3 com os maiores valores de PRA (resultado reagente em pelo 1 dos soros, contraindica o recebimento do enxerto);
      3. Pacientes que estão ou estiveram em terapia de redução de anticorpos:
         1. Há mais de 1 ano: soro recente e os 3 últimos, todos após a terapia (resultado reagente em pelo menos 1 dos soros, contraindica o recebimento do enxerto).
         2. Menos de 1 ano: soros mais recentes (2) e os com os maiores valores de PRA (resultados reagentes em soros anteriores a terapia NAO contra indicam o transplante, decisão do centro de transplante).

1. **MONITORAMENTO:**
   1. Terapia de Redução de Anticorpos (IVIg, plasmaferese e/ou rituximab)
      1. Uma coleta antes do início do tratamento;
      2. Durante o tratamento:
         1. IVIg: 21 dias apos;
         2. Rituximab: 7 dias apos;
         3. Plasmaferese: 24 horas apos.
   2. Pós-transplante
   3. Terapia de Resgate Imunológico:
      1. Uma coleta antes do início do tratamento;
      2. Durante o tratamento:
         1. IVIg: 21 dias após;
         2. Thymoglobulina: 24 horas após;
         3. Plasmaferese: 24 horas após;
         4. Rituximab: 7 dias após.

Manejo do paciente em lista de espera

Rim e pâncreas

Variáveis que prolongam o tempo em lista de espera
Tipo sanguíneo O e B.
Pacientes com anticorpos HLA.
Pacientes homozigotos em HLA-DR (necessitará doador homozigoto em DR)
Minorias étnicas → dificuldade maior na compatibilidade HLA
Pacientes não dispostos a utilizar órgãos de doadores com critérios expandidos

- Principal causa de mortalidade em listá é cardiovascular.
- Objetivos:
  - Diálise adequada
  - Controle do cálcio, fosfato e PTH (retardar calcificação vascular)
  - Controle da pressão arterial
  - Controle glicemia em diabéticos
  - Atenção as complicações diabéticas
  - Parar de fumar
  - Atividades físicas
  - Controle do peso
  - Imunização
- Intervalo de reavaliação:
  - Anual: cardiologia e sorologia.
  - Exames de acompanhamento imunológico: conforme protocolo.

Fígado

Evento	*Screening*, vigilância, recomendações de profilaxia
Varizes esôfágicas	Screening recomendado para todos os cirróticos. Profilaxia primária e secundária.
Hepatocarcinoma	Screening recomendado para todos os cirróticos ou infecção crônica vírus B ou história pregressa de hepatocarcinoma. Utilizar ultrassonografia ou RNM/TC com ou sem alfafetoproteína.
Ascite	Sem recomendação de screening ou profilaxia.
PBE	Profilaxia primária e secundária.
SHR	Monitorização da função renal é recomendada para pacientes em uso de diuréticos. Profilaxia primária em pacientes com PBE, hepatite alcoólica e submetidos a paracentese de grande volume.
Encefalopatia hepática	Sem recomendações de screening ou profilaxia Profilaxia secundária com lactulose/lactitol/rifaximina.
Osteoporose/osteopenia	Screening de densidade mineral óssea é recomendada para todos os candidatos a transplante hepático.
Imunização	Imunização ativa é recomendada contra hepatite A, B, pneumococos e influenza.
Acompanhamento imunológico	Acompanhamento imunológico pré-transplante.

- Intervalo de reavaliação.
  - MELD de 11 a 18: trimestral;
  - MELD de 19 a 25: mensal;

- MELD maior que 25: semanal.

Remoção de lista de espera

- São motivos para retirada de paciente em lista de espera: piora clínica, óbito e não-aderência ao tratamento.
- A atualização de remoção no sistema do SNT deve ser feita em 24 horas após o evento, em conjunto com a comunicação formal do paciente e sua família.

Arquivos relacionados

FLUX001.Pré-transplante

Doador em morte encefálica

Contra-indicações absolutas

1. Sepse não controlada.
2. Neoplasia maligna intra ou extra abdominal, exceto intracraniana.Tumores SNC e transplante
3. Sorologia positiva para HIV, HTLV I e HTLV II.

Fígado

Doador ideal

- <55 anos
- >75kg
- Sem esteatose
- Hemodinamicamente estável
- Sem história de uso crônico de álcool.

Doador de critério expandido

1. Sorologias positivas.
- Hepatite C: aceita-se doadores Anti-HCV positivos se o receptor for portador de hepatite C, independente do genótipo. Recomenda-se análise histológica do enxerto antes do implante, pois somente órgãos sem fibrose ou inflamação mínima devem ser considerados para transplante.
- Hepatite B: aceita-se doadores anti-HbC IgG positivo para receptores com hepatite B crônica, devendo-se observar a profilaxia de re-infecção pelo vírus B no pós-transplante de acordo com protocolo. Profilaxia de re-infecção do vírus B pós-transplante hepático
2. Infecção intra-abdominal (peritonite, colangite).
3. Trauma abdominal com lesão hepática.
- Lesões Grau I-II: não contra-indicam.
- Lesão Grau III: avaliação individualizada.
- Lesões Grau IV-VI: contra-indicação.

Grau (AAST)	Descrição
Grau 1	Hematoma subcapsular menor que 1cm na espessura máxima, avulsão capsular, laceração de parênquima superficial com menos de 1cm de profundidade.
Grau 2	Laceração parenquimatosa com 1-3cm de profundidade e hematoma parenquimatoso/subcapsular de 1-3cm de espessura.
Grau 3	Laceração com mais de 3cm de profundidade e hematoma parenquimatoso ou subcapsular com mais de 3cm de diâmetro.
Grau 4	Hematoma parenquimatoso/subcapsular com mais de 10cm de diâmetro, destruição lobar ou desvascularização.
Grau 5	Destruição global ou desvascularização do fígado
Grau 6	Avulsão hepática

4. Parada cardíaca peri-operatória.
5. Doador hemodinamicamente instável, apesar de altas doses de vasoativas.

- Noradrenalina > 1 mcg/kg/min; dopamina > 10 mcg/kg/min.

6. Esteatose.
- Esteatose hepática leve (<30%), avaliação subjetiva, durante captação do órgão. Esteatose grave contra-indica a utilização do órgão.

7. Hipernatremia.
- Sódio sérico >155 mEq/L prejudica funcionamento do enxerto.

8. Uréia e creatinina.
- Valor máximo de creatinina: 3mg/dl

9. Obesidade.
- Níveis de obesidade mórbida (IMC>30kg/m2) realizar biópsia hepática e avaliação microscópica. IMC>35kg/m2 contra-indica utilização do órgão. O peso mínimo de doador representa 30% do peso do receptor, o peso máximo na dependência do IMC do doador.

10. Transaminases e bilirrubinas.
- Valor máximo AST/ALT 400UI/L;
- Valor máximo bilirrubina 3mg/dl.

11. Tempo de isquemia.
- Até 20 horas.

12. História de uso de drogas injetáveis ou inalatórias.
- Não contra-indica doação. Aumenta risco de transmissão de doenças infecciosas.

13. Idade:
- Idade acima de 60 anos não é considerada isoladamente como critério expandido, a avaliação da adequabilidade do órgão durante a captação é o principal fator. Única contra-indicação é o seu uso em receptores cirróticos por vírus C.

14. Órgão retirado de doador com PAF

15. Fígado dividido

Alocação de órgãos para transplante
- Categoria 1: pacientes em condições clínicas estáveis e MELD ≤20.
- Categoria 2: pacientes em condições clínicas estáveis, MELD≤20, porém com infecção crônica por vírus B ou C.
- Categoria 3: pacientes em condições clínicas instáveis, MELD>20 ou hospitalizados (enfermaria ou unidade de terapia intensiva).
- Categoria 4: pacientes com hepatocarcinoma
- Categoria 5: pacientes com insuficiência hepática aguda.

- Pacientes em categoria 1 e 4: órgãos de doadores ideais.

- Pacientes em categoria 2: doadores ideais, somente com a sorologia em questão positiva.

- Pacientes em categoria 3, 4 e 5: órgãos de doadores com critérios expandidos.

Valores laboratoriais do Sistema Nacional de Transplantes

Variável	Doador ideal	Critérios expandidos
Idade	<60 anos	>60 anos
Peso mínimo	30% do peso do receptor	30% do peso do receptor
Peso máximo	150kg	150kg
Usuário de drogas inalatórias	Não	Sim
Usuário de drogas injetáveis	Não	Sim
Aceita órgão retirado até xx horas.	12	20
Órgão bipartido (split liver)	Não	Sim
Órgão receptor PAF	Sim	Sim
Sorologias positivas	Nenhuma	Na dependência das sorologias do receptor
Creatinina	3	5
Sódio	155	200
TGO/TGP	500	800
Bilirrubina total	3	5
Órgãos de outros estados	Sul	Brasil

Rim

Doador de critério expandido

Estratificado conforme critérios previstos na legislação:

- Doadores com critérios expandidos quanto à função:
  - Doadores com mais de 60 anos, ou doadores entre 50 e 59 anos com 2 dos 3 critérios abaixo:
    - hipertensão;
    - nível de creatinina superior a 1,5 mg/dL ou depuração de creatinina estimada - DCE (Cockroft/Gault) entre 50 e 70 mL/min/m² no início do atendimento;
    - acidente vascular cerebral (AVC) hemorrágico como causa de morte;
    - doador falecido pediátrico com peso menor ou igual 15 kg ou idade menor que ou igual a 3 anos, que deve ser considerado para transplante de rins em bloco;
- Doadores com critérios expandidos quanto ao potencial de transmissão de doenças:
  - hepatite B: rins de doadores com anti-HBctotal (+) positivo isolado, HBsAg e Anti-HBs (-) negativo poderão ser oferecidos para potenciais receptores Anti-HBs positivo (+) ou HBsAg positivo (+) e a Rins de doadores HBsAg positivo (+) poderão, a critério da equipe de transplante, ser oferecidos para potenciais receptores Anti-Hbs positivo (+) ou HBsAg positivo (+);
  - hepatite C: rins de doadores HCV positivo (+) somente poderão ser oferecidos para potenciais receptores com HCV positivo (+); e
- Doadores com critérios expandidos quanto a outras situações:
  - rins com anomalias anatômicas/histológicas.

Pâncreas

Doador ideal

- <45 anos
- IMC<28
- Pouco tempo de UTI.
- Avaliação macroscópica adequada: boa consistência, ausência de gordura nos septos interlobulares, sem evidência de fibrose de pancreatites passadas e possuir coloração salmão-rosa.
- >30kg.

Doador de critério expandido

Não é utilizado nessa modalidade de transplante.

Janela Imunológica

Patógeno	Sorologia padrão	NAT
HIV	17-22 dias	5-6 dias
HCV	70 dias	3-5 dias
HBV	35-44 dias	20-22 dias

- Janela imunológica é o tempo do início da infecção até a detecção da mesma por um método específico.
- NAT - teste de ácido nucléico.

Tumores do SNC e transplante

Não excluem o doador para doação	Pode ser considerado para doação dependendo das características	Não deve ser considerado para doação
Meningioma benigno	Astrocitoma de baixo grau (grau II)	Astrocitoma anaplásico
Adenoma de hipófise	Gliomatose Cerebri	Glioblastoma multiforme
Schawannoma de acústico		Meduloblastoma
Craneofaringeoma		Oligodendroglioma anaplástico (Schmidt C e D)
Astrocitoma pilocítico (grau I)		Pineoblastoma
Cisto epidermóide		Meningeoma anaplástico e maligno
Cisto colóide do III ventrículo		Sarcoma intra-cranial
Papiloma de plexo coróide		Cordoma
Hemangioblastoma		Linfoma cerebral primário
Tumor de células ganglionais		Tumor de células germinais (exceto teratoma bem diferenciado)
Pineocitomas		Ependimoma maligno
Oligodendroglioma de baixo grau (Schimdt A e B)		
Ependimoma		

| Teratoma bem diferenciado | | |

Manutenção do doador

- Protocolos de manutenção:
  - Diretrizes para manutenção de múltiplos órgãos no potencial doador adulto falecido. Parte I. Aspectos gerais e suporte hemodinâmico - Associação de Medicina Intensiva Brasileira (AMIB)
  - Diretrizes para manutenção de múltiplos órgãos no potencial doador adulto falecido. Parte II. Ventilação mecânica, controle endócrino metabólico e aspectos hematológicos e infecciosos - Associação de Medicina Intensiva Brasileira (AMIB)
  - Diretrizes para manutenção de múltiplos órgãos no potencial doador adulto falecido. Parte III.Recomendações órgãos específicas - Associação de Medicina Intensiva Brasileira (AMIB)
  - Manejo do potencial doador de órgãos - Central Estadual de Transplantes do Paraná

Arquivos relacionados

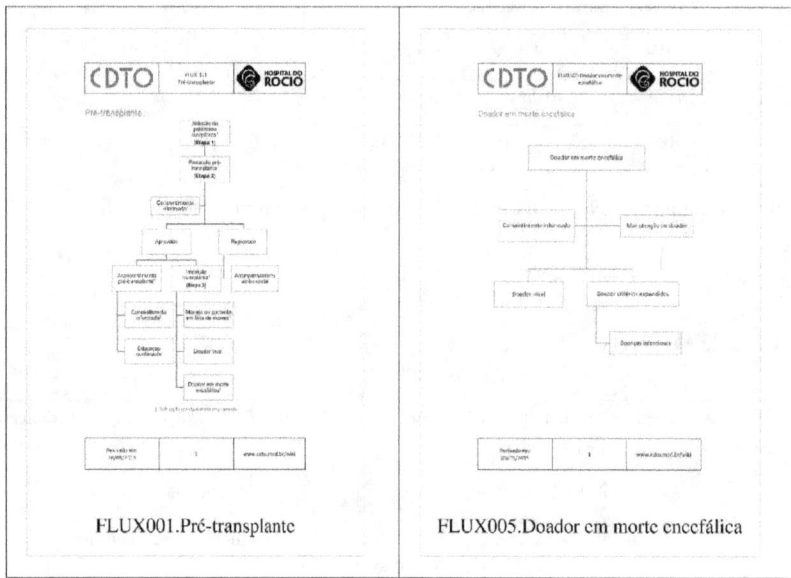

FLUX001.Pré-transplante   FLUX005.Doador em morte encefálica

Doador vivo

- Objetivos da avaliação
    - Garantir a segurança do doador.
    - Determinar se o doador é capaz de oferecer um enxerto adequado para o transplante.

Fígado
- Atentar para protocolo da Imunologia do transplante.

Protocolo de avaliação
- Listado para transplante hepático doador cadáver.
- Preenche critérios de indicação de transplante inter-vivos.
    - Cirurgicamente apto.
    - Ausência de trombose de veia porta / veia hepática.
    - MELD < 18 / Child A ou B.

Primeira fase	Segunda fase
Idade ≥18 anos e ≤ 55 anos. Tipagem sanguínea idêntica ao receptor. Ausência de significativos problemas médicos, psiquiátricos ou cirurgias abdominais anteriores. Relacionamento de longo prazo com o receptor. Testes de função hepática, eletrólitos séricos, hemograma completo e sorologias hepatite B e C. Ultrassonografia de abdome total	História clínica e exame físico completos. Ferritina, índice de saturação da transferrina, ceruloplasmina. Alfa-1-antitripsina. Ac anti-mitocôndria, Ac anti-músculo liso, Anti-LKM. CMV e EBV IgG. FAN. Anti-HIV. Radiografia de tórax. Eletrocardiograma. Avaliação cirúrgica do doador. Ecocardiograma. Avaliação psicológica. Avaliação cardiológica. Avaliação serviço social. Angiotomografia / Volumetria hepática. Colangio-ressonância (lado direito).
1. Necessariamente duas coletas em momentos diferentes.	

Avaliação anatômica doador
- Determinação da anatomia arterial, veia porta, veias hepática e via biliar.

Anatomia	Tipo
Arterial	
Biliar	
Portal	
Venosa	

Pitfalls
- Dominância/calibre da VHD e VHM.
- Presença de veias hepáticas acessórias.
- Origem artéria do segmento IV

Volumetria

Doador
Volume remanescente: 30-40% do volume total do fígado.

Receptor
- 40% do *standard liver volume*

ou

- *Graft size to body weight* (**GRBW**): mínimo 0,8%, ideal 1%, ótimo 1,2%.

2 - Volume estimado clinicamente: 2% do peso corpóreo (2-2,5%), lado direito 60%, lado esquerdo 40%.

3 - Volume fígado estimado (Urata) ELV= 706.2 x BSA(m2) + 2.4

Rim
- Atentar para protocolo da Imunologia do transplante.

Protocolo de avaliação

Exames laboratoriais	Urina	Exames de imagem	Sorologias	Avaliações
ALT / AST / FA / BT / GGT / TAP / RNI / PT HMG / Uréia / Creatinina / Sódio / Potássio Glicemia / Triglicerídeos / LDL / HDL / VLDL / CT / PSA / TSH / Ác úrico Tipagem sanguínea[1] / Parcial de urina / Parasitológico de fezes Cálcio / Fósforo / DHL	Clearance de creatinina em 24h Parcial de urina Urocultura com antibiograma Proteinúria de 24h	(US) de abdome total ECG / ecocardiograma RX tórax / Urotomografia /Angiotomografia	Anti-HAV IgG / HbsAg / Anti-Hbs / Anti-Hbc IgG / Anti-HCV / Anti-HIV / Anti-HTLV I e II Chagas IgG / CMV IgG / EBV IgG / Toxoplasmose IgG / Sífilis IgG / PPD	Urologia Cardiologia Serviço Social Psicologia Ginecologia
1. Necessariamente duas coletas em momentos diferentes.				

Avaliação médica independente
- Avaliação médica independente conforme ***Kidney Independent Living Donor Advocacy Training Documentation Manual***: [1]

Inscrição para transplante
- Inscrição para transplante
- Conforme orientações da Central Estadual de Transplantes do Paraná

Seguimento pós-doação
- Seguimento doador vivo:
    - 6 meses, 12 meses e 24 meses.

- Formulário seguimento do doador vivo.

Arquivos relacionados

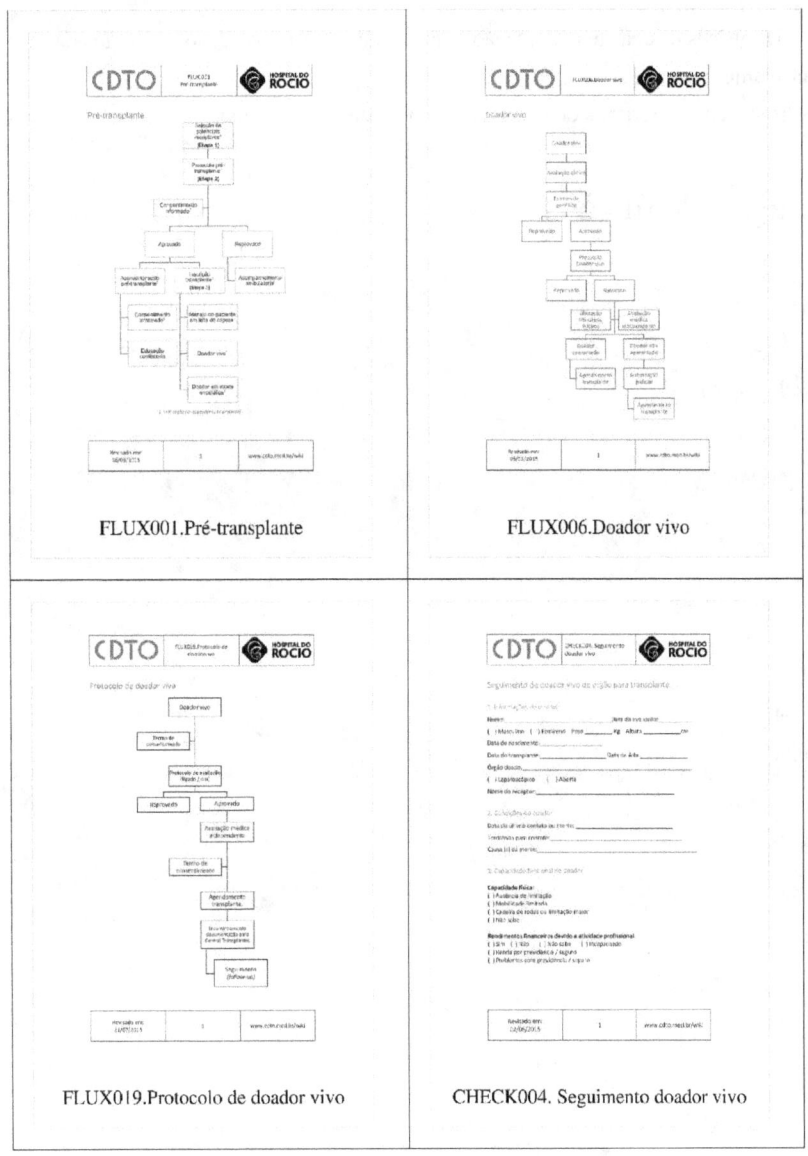

Disponível na web

[1] http://1drv.ms/1Jn6rk7

Captação de órgãos

Cirurgia

- Captação de múltiplos órgãos: Diretrizes básicas para captação e retirada de múltiplos órgãos e tecidos da Associação Brasileira de Transplante de Órgãos.
- Captação de rins isolados: Padronização de retirada de rins isolados no Estado do Paraná.

Farmácia - Kit captação de órgãos

Material básico

03 fitas de reparo vascular (Fita Cardíaca)

02 fitas de reparo vascular (VesselLoop®)

01 frasco PVPI degermante

01 ampola de metilprednisolona (500mg)

01 frasco de albumina

Sonda uretral (no 10 e 14)

Cânula aórtica (x2)

Equipo de infusão de 3 vias (x2)

02 fios de Algodão 2-0 sem agulha

02 fios de Algodão 3-0 sem agulha

Heparina 02 ampolas

Grampeador linear cortante GIA 75 + 2 cargas

10 sacos plásticos estéreis grandes

5 sacos plásticos estéreis pequenos

10 presilhas plásticas estéreis

Caixa térmica

Frasco de coleta de urina estéril

Cinco litros de solução salina 0,9% congelada.

Captação de múltiplos órgãos

5 litros da solução de SPS-1

2 litros da solução de Euro-Collins

Captação de rim isolado

5 litros da solução de Euro-Collins

Admissão de paciente para o transplante

Admissão do paciente

A avaliação pré-transplante imediata objetiva a identificação de algum fato novo que possa comprometer a realização do transplante, principalmente a presença de doenças infecciosas ativas e sem tratamento. Avaliação comum a todos os órgãos:

1. Anamnese, exame físico.
2. Hemograma completo, glicemia, uréia, creatinina, sódio, potássio, AST, ALT, TAP, KPTT, cultura urina, ECG, RX tórax.

Transplante rim e pâncreas-rim

- Avaliar a necessidade de diálise pé-transplante, considerar:
  - tempo decorrido desde a última sessão
  - presença de hipervolemia
  - presença de distúrbios hidro-eletrolíticos ou ácidos básicos significativos (hipercalemia ou acidose metabólica)
- Caso indicada diálise pré-transplante:
  - Diálise por 2-3h, sem anticoagulação e 1-2kg acima do peso seco.
- Diálise peritoneal: esvaziar cavidade peritoneal.
- **Receptor de doador vivo:** interna 24 horas antes do procedimento. Inicia esquema de imunossupressão e profilaxia de doenças infecciosas.

Transplante de fígado

1. Reserva de sangue, plasma fresco congelado, plaquetas e crioprecipitado (5U de cada) junto ao banco de sangue.

Check-list APTO

Itens a serem conferidos na organização da cirurgia do transplante:

- **Banco de sangue:** solicitação de reserva;
- **Unidade de terapia intensiva:** disponibilidade de leito;
- **Instrumentação cirúrgica:** notificar horário de início do procedimento.
- **Anestesiologia:** notificar horário de início do procedimento.
- *Cellsaver:* somente para transplante de fígado, notificar horário de início do procedimento.
- Encaminhar ao centro cirúrgico a pasta contendo a avaliação pré-operatória do paciente.
- Encaminhar ao centro cirúrgico prescrição e medicamentos a serem administrados no intra-operatório.

O horário de início do procedimento é decidido levando-se em conta os seguintes fatores:

1. Horário que o receptor estiver pronto para a cirurgia (considerar se indicada diálise pré-operatória ou não);
2. Horário da chegada do órgão ao hospital;
3. Horário do resultado do exame de compatibilidade imunológica (*crossmatch*) no caso de transplante de rim/pâncreas.
4. Disponibilidade da equipe cirúrgica e anestesiológica;
5. Disponibilidade de vaga no centro cirúrgico;
6. Disponibilidade de vaga na unidade de terapia intensiva.

Admissão de paciente para o transplante

Preparo operatório

- Encaminhar paciente para banho pré-operatório com solução tópica descontaminante (PVPI, clorhexidina).
- Não realizar tricotomia na enfermaria.

Arquivos relacionados

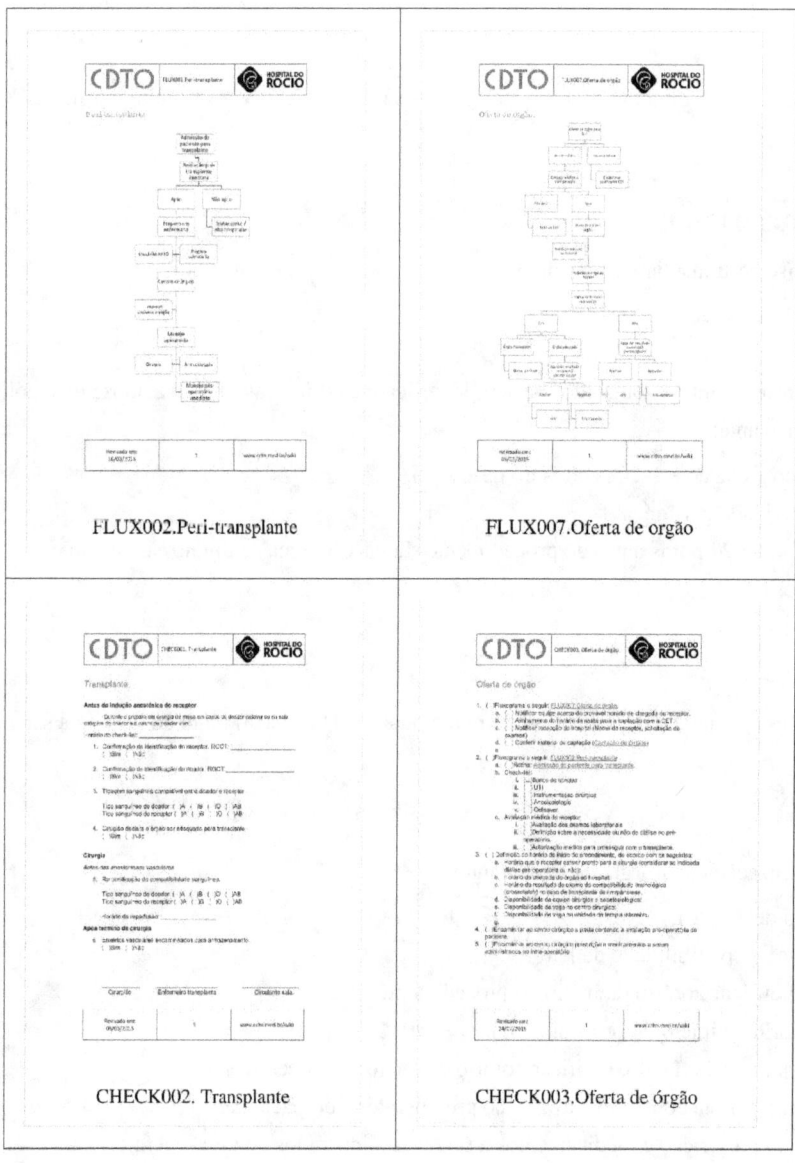

FLUX002.Peri-transplante

FLUX007.Oferta de orgão

CHECK002. Transplante

CHECK003.Oferta de órgão

Preparo de cirurgia

Material cirúrgico - transplante

Material cirúrgico	Material de consumo	Material permanente
Bandeja de transplante hepático[1] / renal[2,3] Bandeja de cirurgia de mesa(*back-table*)[1,2,3]	Fio de polipropileno 3-0 (prolene®) (x5)[1,3]	Eletrocautério (Valley-Lab®)[1,2,3]
Clampes vasculares ângulo reto [1,2,3] / Satinski [1,2,3]	Fio de polipropileno 4-0 (prolene®) (x5)[1,2,3]	Colchão térmico (Bair Hugger®)[1,2,3]
Pinças Bulldog [1,2,3]	Fio de polipropileno 5-0 (prolene®) (x5)[1,2,3]	Barras de metal [1]
Tesoura de Potz [1,2,3]	Fio de polipropileno 6-0 (prolene®) (x5)[1,2,3]	Encaixes para mesa cirúrgica [1,2,3]
Reparos preparados para fios delicados ("botinhas")[1,2,3]	Fio de polidioxanona 3-0 (PDSII®) (x5)[1,3]	Lâmpada cirúrgica auxiliar.[1,2,3]
Clipador (pequeno-médio-grande)[1,2,3]	Fio de polidioxanona 4-0 (PDSII®) (x5)[1,2,3]	Sistema de recuperação de hemácias (*cellsaver*)[1]
Afastadores supra-púbico (x2)[1]	Fio de polidioxanona 5-0 (PDSII®) (x5)[1]	
Afastador ortostático circular[2,3]	Fio de polidioxanona 1 laçado (PDSII®) (x2)[1,2,3]	
	Fio de poliglactina 3-0 (vicryl®) (x3)[1,3]	
	Fio de algodão 2-0 sem agulha (x4)[1,2,3]	
	Fio de algodão 2-0 agulhado (x1)[1,2,3]	
	Fio de algodão 3-0 sem agulha (x4)[1,2,3]	
	Fio de mononylon 3-0 (x5)[1,2,3]	
	Clipes metálicos (pequeno-médio-grande)[1,2,3]	
	Fita de reparo vascular (angioloop®, vesseloop®) (x6)[1,2,3]	
	Lâmina de bisturi número 22 (x1)[1,2,3]	
	Lâmina de bisturi número 11 (x1)[1,2,3]	
	Dreno tubular fechada de silicone (Dreno de Blake®) (x1)[1,2,3]	
	Dreno tubular fechado (Suctor, Portovac) 6,4mm (x1) [1,2,3]	
	Dreno tubular fechado (Suctor, Portovac) 4,8mm (x1) [1,2,3]	
	Equipo de soro estéril[1,2]	
	Soro fisiológico congelado e esterilizado 500ml (x3)[1,2,3]	
	Albumina 01 frasco 20% [1]	
	Seringa de 20ml (x2)[1,2,3]	
	Seringa de 60ml (x1)[1,2,3]	
	Abocath® 14 (x1)[1,2,3]	
	Cuba rim (x1)[1,2,3]	
	Cuba redonda (x1)[1,2,3]	
	Endogrampeador articulado ETS 45mm (carga branca x2)[1]	
	Grampeador linear cortante GIA 75-80 (1 carga)[3]	
	Kit de acesso venoso central duplo-lumem.[1]	
	Kit de acesso venoso central mono-lumem.[2,3]	

1-Transplante hepático; 2-Transplante renal; 3-Transplante pancreático.

Material cirúrgico - hepatectomia

Material cirúrgico	Material de consumo	Material permanente
Bandeja de transplante hepático	Fio de polipropileno 3-0 (prolene®) (x5)	Eletrocautério (Valley-lab®)
Clampes vasculares ângulo reto / Satinski	Fio de polipropileno 4-0 (prolene®) (x5)	Colchão térmico (Bair Hugger®)
Pinças Bulldog	Fio de polipropileno 5-0 (prolene®) (x5)	Barras de metal
Reparos preparados para fios delicados ("botinhas")	Fio de polipropileno 6-0 (prolene®) (x5)	Encaixes para mesa cirúrgica
Clipador (pequeno-médio-grande)	Fio de polidioxanona 3-0 (PDSII®) (x5)	
Afastadores supra-púbico (x2)	Fio de polidioxanona 4-0 (PDSII®) (x5)	
	Fio de polidioxanona 5-0 (PDSII®) (x5)	
	Fio de polidioxanona 1 laçado (PDSII®) (x2)	
	Fio de poliglactina 3-0 (vicryl®) (x3)	
	Fio de algodão 2-0 sem agulha (x4)	
	Fio de algodão 2-0 agulhado (x1)	
	Fio de algodão 3-0 sem agulha (x4)	
	Fio de mononylon 3-0 (x5)	
	Clipes metálicos (pequeno-médio-grande)	
	Fita de reparo vascular (angioloop®, vesseloop®) (x6)	
	Lâmina de bisturi número 22 (x1)	
	Lâmina de bisturi número 11 (x1)	
	Dreno tubular fechada de silicone (Dreno de Blake®) (x1)	
	Dreno tubular fechado (Suctor, Portovac) 6,4mm (x1)	
	Dreno tubular fechado (Suctor, Portovac) 4,8mm (x1)	
	Seringa de 20ml (x2)	
	Seringa de 60ml (x1)	
	Abocath® 14 (x1)	
	Cuba rim (x1)	
	Cuba redonda (x1)	
	Kit de acesso venoso central duplo-lumem.	
	Kit de acesso venoso central mono-lumem.	

Preparo do paciente

Transplante hepático

- Decúbito dorsal.
- Acesso venoso central / acessos venosos periféricos calibrosos / punção arterial (PAM)
- Sondagem vesical de demora
- Posicionamento das barras de afastamento (observar posição adequada das mesmas, não devem ficar próximas ao gradil costal, se necessário reposicionar o paciente na mesa)
- Braços ao longo do corpo
- Posicionamento das meias elásticas, na ausência das mesmas, enfaixamento com algodão e crepe.
- Posicionamento do colchão térmico.
- Lavagem da parede abdominal.

Transplante renal e pancreático

- Decúbito dorsal.
- Acesso venoso central / acessos venosos periféricos calibrosos / punção arterial (PAM)
- Posicionamento dos encaixes da mesa cirúrgica.
- Braços abertos.
- Posicionamento das meias elásticas, na ausência das mesmas, enfaixamento com algodão e crepe.
- Posicionamento do colchão térmico.
- Lavagem da parede abdominal.
- Sondagem vesical somente após a colocação dos campos cirúrgicos.

Preparo da mesa auxiliar (Back table)

- Mesa de material pequena.
- Preparar a mesa com campo estéril - plástico estéril - campo estéril.
- Material necessário: caixa cirúrgica de *back-table*.

Manejo peri-operatório e pós-operatório imediato

Manejo operatório

Transplante renal

- PAM 100mmHg
- Manitol 20% 0,05g/kg antes da revascularização.
- Corticóide antes da reperfusão (500 mg metilprednisolona). Atentar caso já administrado na preparação para primeiro uso da timoglobulina.
- Se órgão bem perfundido e sem débito urinário, administrar *bolus* adicional de hidratação e furosemida 2mg/kg.
- PVC 10-12cmH2O.

Transplante de pâncreas

- Mesmo cuidados do transplante renal e:
  - Glicemia (dextro) de 1/1h; objetivo glicemia 110-150 mg/dL.
  - Octreotide 01amp IV antes da reperfusão.

Manejo pós-operatório imediato (UTI)

- Interação entre equipe de transplante e da terapia intensiva.
- Tarefa mais importante é otimização hemodinâmica para garantir a perfusão do órgão transplantado.

Transplante renal

- Hidratação: reposição 100% da diurese/hora com SF0,9%. Caso diurese >500ml/hora, repor 50% da diurese.
- Manter PVC 10-12mmHg
- Avaliação *doppler*: primeiro pós-operatório. Após o primeiro exame a necessidade de novas avaliações na dependência da evolução do paciente.
- Manejo da oligúria e anúria: analisar fluxograma.

Prescrição UTI

Ordens, medicações ou procedimentos	Dose	Intervalo	Comentários
Recomendações gerais			
Manter temperatura ambiente >23°C			
Controle de diurese e controle de peso.			
Reposição hídrica.			Conforme diurese.
Fisioterapia respiratória e motora			
Medicações			
Dipirona	01amp IV	6/6h	
Tramadol	01amp IV	12/12h	
Omeprazol	40mg IV	24h	
Bromoprida	10mg IV	8/8h	
Atensina 0,1mg	1 cp VO	SN	Se PA>170/110mmHg
Profilaxias	Para maiores informações, vide protocolo de Doenças infecciosas.		
Cefazolina	1g IV	8/8h	Total de 3 doses (24h).
Solução descontaminação oral	10 ml VO	6/6h	
Ganciclovir	100mg IV	24h	Diluir em SF0,9% 250 mL. **Somente quando uso de timoglobulina.**
Sulfametoxazol (400mg) + trimetoprima (80mg)	1/2 cp VO	24h	
Albendazol	1cp VO	24h	
Imunossupressão - Regime alto risco imunológico.	Para maiores informações, vide protocolo de imunossupressão.		
Prednisona	40mg VO	24h	Dose no período matutino.
Micofenolato mofetil sódico	360mg VO	12/12h	
Timoglobulina			Já realizada primeira dose no CC. Doses diárias a critério da equipe de transplante.
Imunossupressão - Regime padrão.	Para maiores informações, vide protocolo de imunossupressão.		
Prednisona	40mg VO	24h	Dose no período matutino.
Micofenolato mofetil sódico	720mg VO (2cp)	12/12h	
Tacrolimus	5mg VO	12/12h	
Basiliximab	20mg		Já realizada primeira dose no CC. Segunda dose no **4°pós-operatório.**

Transplante de pâncreas

Prescrição UTI

Ordens, medicações ou procedimentos	Dose	Intervalo	Comentários
Recomendações gerais			
Manter temperatura ambiente >23°C			
Controle de diurese e controle de peso.			
Reposição hídrica.			Conforme diurese. Utilizar colóide (albumina)
Fisioterapia respiratória e motora			
Dextro de 1/1h			
Medicações			
Dipirona	01amp IV	6/6h	
Tramadol	01amp IV	12/12h	A critério médico.
Omeprazol	40mg IV	24h	
Bromoprida	10mg IV	8/8h	
Atensina 0,1mg	1 cp VO	SN	Se PA>170/110mmHg
Octreotide 0,1mg	01 amp SC	8/8h	10 dias
Insulina regular			Conforme dextro.
Glicose 50%	40ml IV	ACM	Se dextro <80
Profilaxias		Para maiores informações, vide protocolo de Doenças infecciosas.	
Ampicilina-sulbactam	3g IV	6/6h	72h
Solução descontaminação oral	10 ml VO	6/6h	
Ganciclovir	100mg IV	24h	Diluir em SF0,9% 250 mL. **Somente quando uso de timoglobulina.**
Sulfametoxazol (400mg) + trimetoprima (80mg)	1/2 cp VO	24h	
Albendazol	1cp VO	24h	Durante 5 dias.
Fluconazol	200mg	24h	Por 10 dias
Imunossupressão - Regime padrão.		Para maiores informações, vide protocolo de imunossupressão.	
Prednisona	40mg VO	24h	Dose no período matutino.
Micofenolato mofetil sódico	720mg VO (02cp)	12/12h	
Tacrolimus	5mg VO	12/12h	
Basiliximab	20mg		Já realizada primeira dose no CC. Segunda dose no **4°pós-operatório**.
Imunossupressão - Regime alto risco.		Para maiores informações, vide protocolo de imunossupressão.	
Prednisona	40mg VO	24h	Dose no período matutino.
Micofenolato mofetil sódico	360mg VO	12/12h	
Timoglobulina			Já realizada primeira dose no CC. Doses diárias a critério da equipe de transplante.

Transplante hepático

- Exames de Rotina na UTI: gasometria arterial, uréia, creatinina, sódio, potássio, ALT, AST, fosfatase alcalina, billirubinas, gamaGT, tempo de protrombina, RNI, hemograma, cálcio, lactato.
- Distúrbios hidroeletrolíticos frequentes:
    - Hiponatremia: dilucional.
    - Hipomagnesemia: pode precipitar delirium, convulsões. **Nível adequado é essencial para recuperação do enxerto.**
    - Hipocalcemia: guiar reposição pelo cálcio ionizado (diminuir 0,8mg/dL cálcio total para cada redução de 1g albumina)
    - Hipofosfatemia: **nível adequado é essencial para recuperação do enxerto.**
- Evitar expansão volêmica agressiva: prevenir sobrecarga de volume (edema pulmonar 2o-3o PO e congestão de enxerto).
- Metas: PAM>65mmHg, **PVC 8-10 mmHg**, PAOP entre 12-15mmHg, diurese >0,5-1 mL/kg/h, SvcO2>70%, lactato arterial <2mEq/L.
- Tratar agressivamente PVC 12-14mmHg, objetivando sua redução. Se não conseguir gerar débito urinário >250-300mL/hora, indicar hemofiltração.
- Dar preferência à reposição com colóides (albumina a 20%), principalmente se albumina <3g/dL.
- Dosagem de fibrinogênio.
- Nível de tacrolimo: segundas, quartas e sextas-feiras. Atentar para horário da coleta (1 hora antes da dose matutina).
- Glicemia sérica substituída por glicemia capilar, com frequência adequada a cada paciente e situação.
- Nutrição: reinicia dieta VO 2-3PO. Pacientes graves (MELD>24) recebem sonda nasoenteral no CC.
- R-X tórax na admissão e quando indicado.
- Avaliação doppler: primeiro pós-operatório. Após o primeiro exame a necessidade de novas avaliações na dependência da evolução do paciente.
- **Pontos importantes para o intensivista:** etiologia da doença hepática terminal, complicações específicas da doença hepática, pontuação Child e MELD, enxerto ideal ou marginal, sorologia CMV do receptor e doador, tempo de isquemia fria e quente, técnica cirúrgica (piggy-back vs cava-cava; tipo de anastomose biliar; tipo de reconstrução arterial, aspecto pós-reperfusão e presença de produção de bile), ficha de anestesia (balanço hídrico, uso de sangue e hemoderivados, arritmias, instabilidade), história de doenças infecciosas prévias, história de insuficiência renal prévia.
- Atentar para sinais de disfunção do enxerto: coagulopatia, encefalopatia e insuficiência renal.
- Na presença de aumento do débito do dreno abdominal associado a sinais de instabilidade hemodinâmica e queda de Hb/VG, chamar equipe cirúrgica com urgência.

Sistema	Ponto-chave
Cardiovascular	Alto débito cardíaco com baixa resistência vascular periférica característicos da doença hepática terminal podem demorar algumas semanas para melhorar após o transplante.
	Considerar doença arterial coronariana pré-existente ou cardiopatia cirrótica. Re-avaliar estudos pré-transplante.
	Considerar falha da câmara direita como causa de choque.
	Diagnosticar hipertensão pulmonar e tratar de acordo para evitar congestão do enxerto.
	Considerar ecocardiografia para manejo de fluidos.
	Reanimação volêmica equilibrada vs agressiva, uso **preciso** de drogas vasoativas (noradrenalina, vasopressina).
Pulmonar	Extubação precoce.
	Manejo agressivo de patologias reversíveis melhora sobrevida.
	Pacientes com síndrome hepato-pulmonar frequentemente sem mantém com oxigênio quando da transferência para enfermaria.
	Considerar traqueostomia após 1 semana sem extubação.

Manejo peri-operatório e pós-operatório imediato

Renal	Considerar doença renal crônica pré-existente e síndrome hepato-renal.
	Otimizar manejo de fluidos
	Considerar hemofiltração precoce para manejo preemptivo de volume.
	Ajustar nefrotoxicidade da imunossupressão.
Neuropsiquiátrico	Delirium é comum.
	Considerar encefalopatia pré-existente, abuso de substâncias, uremia, sepse, inibidores da calcineurina e estado epiléptico.
	Imagem precoce é indicado pela possibilidade de AVE.
Choque séptico	Considerar infecção pré-existente.
	Revisar padrões de colonização.
	Reduzir imunossupressão.
	Utilizar protocolos estabelecidos: 2012 International Guidelines for Management of Severe Sepsis and Septic Shock [1].

Prescrição UTI

Ordens, medicações ou procedimentos	Dose	Intervalo	Comentários
Recomendações gerais			
Manter temperatura ambiente >23°C			Objetivo temperatura >37°C. Somente retirar manta térmica (Bair-Hugger©) após estabilização da temperatura.
Manter 2 acessos venosos periféricos além de 1 central.			
Reposição hídrica com solução salina e colóides			
Chamar plantão:			
FC<60bpm ou >130bpm			
Dreno abdominal >200ml/h			
Débito urinário <30ml/h			
Queda abrupta PVC			
Medicações			
Dipirona	01amp	6/6h	
Tramadol	01amp	12/12h	
Omeprazol	40mg	24h	
Bromoprida	10mg	8/8h	
Profilaxias		Para maiores informações, vide protocolo de Doenças infecciosas.	
Ampicilina-sulbactam	3g IV	6/6h	Total de 4 doses (24h).
Solução descontaminação oral	10 ml VO/SNG	6/6h	
Nistatina 100.000UI/mL	5ml VO	6/6h	Bochechar e manter algum tempo na cavidade oral antes de engolir.
Sulfametoxazol (400mg) + trimetoprima (80mg)	1cp VO	24h	
Imunossupressão		Para maiores informações, vide protocolo de imunossupressão.	
Metilprednisolona (Solumedrol©)	80mg IV	12/12h	Iniciar protocolo redução dose.
Tacrolimus	0,05mg/kg VO	12/12h	Geralmente iniciado no 2° ou 3°PO, na dependência da função renal.

	Micofenolato mofetil	1g VO	12/12h	Geralmente iniciado no 1°PO, tem sua dose reduzida assim que o tacrolimus atingir plenitude.

Rotina laboratorial diária

Exame	Fígado	Rim	Pâncreas	Comentário
Hemograma	X	X	X	
Na^+, K^+, Ca^{++}	X	X	X	
Cr, Ur	X	X	X	
TAP/RNI	X	X	X	
Fibrinogênio	X	-	-	Primeiras 72 horas
AST, ALT	X	-	-	
FA, GGT	X	-	-	
PT, albumina	X	X	X	Dias alternados
Amilase, lipase	-	-	X	
Lactato	X	X	X	
Imunossupressor	X	X	X	$2^{as}, 4^{as}$ e 6as; dosar no C0 (1 h antes da dose matutina).
Mg^{+2}	X	X	X	Dias alternados
Gasometria arterial	X	X	X	
Parcial de urina/cultura	X	X	X	Semanal

Arquivos relacionados

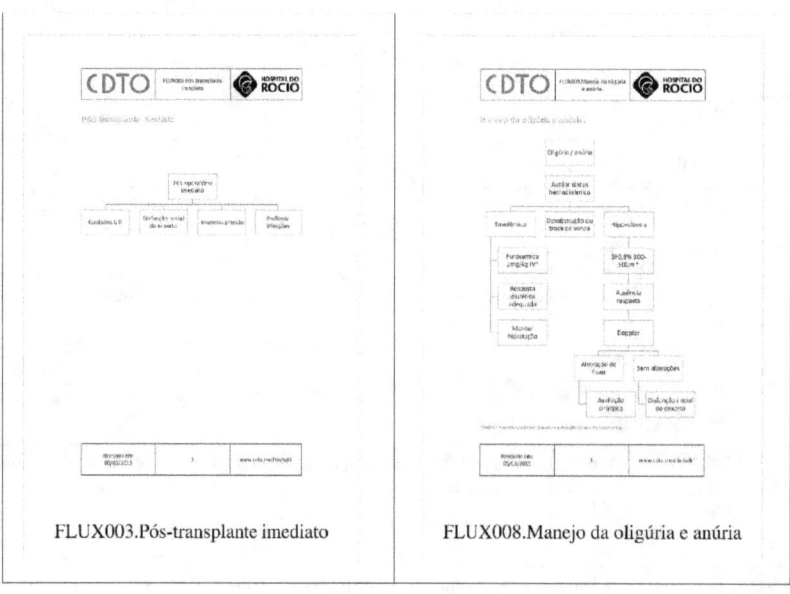

FLUX003.Pós-transplante imediato   FLUX008.Manejo da oligúria e anúria

Disponível na web

[1] http://www.idsociety.org/organ_system/#Circulatoryl

Disfunção inicial do enxerto

Rim

- Definição: necessidade de diálise na primeira semana pós-transplante.

Diagnóstico diferencial da disfunção inicial do enxerto
Rejeição aguda
Necrose tubular aguda
Nefrotoxicidade TAC e ciclosporina
Microangiopatia trombótica
Obstrução ureteral ou da sonda vesical
Fístula urinária
Infecção urinária com pielonefrite aguda
Trombose vascular (arterial ou venosa)

- Atentar à condições superimpostas à NTA: rejeição aguda, pielonefrite do enxerto e nefrotoxicidade por IC.
- Biópsia no diagnóstico de disfunção inicial do enxerto e cada 7-10 dias após para auxiliar no diagnóstico do motivo da disfunção e de patologias superimpostas a NTA.
- Tratamento: vide algoritmo.

Fígado

Diagnóstico diferencial
Não-funcionamento primário
Trombose/estenose de artéria hepática
Rejeição hiperaguda (rara)
Rejeição celular aguda
Complicações biliares
Trombose de veia porta
Hepatotoxicidade por drogas
Recorrência vírus C
Infecção (CMV, EBV, adenovírus)
Obstrução *outflow*

- Avaliação laboratorial

Disfunção hepática	BT	FA	AST	ALT	GGT	TP	RNI
Lesão de preservação	↑	↑			↑		
Fígado de choque	↑↑↑	↑↑	↑↑↑	↑↑↑	↑↑↑	↑	↑
Não funcionamento primário	↑↑	↑↑	↑↑↑	↑↑↑	↑↑↑	↑↑	↑↑
Trombose artéria hepática	↑↑	↑↑	↑↑↑	↑↑↑	↑↑	↑↑	↑↑
Estenose artéria hepática	↑	↑	↑	↑	↑		
Trombose de veia porta			↑↑↑	↑↑↑		↑	↑
Vazamento biliar	↑↑		→	→			
Estenose biliar	↑↑	↑	→	→	↑		

Arquivos relacionados

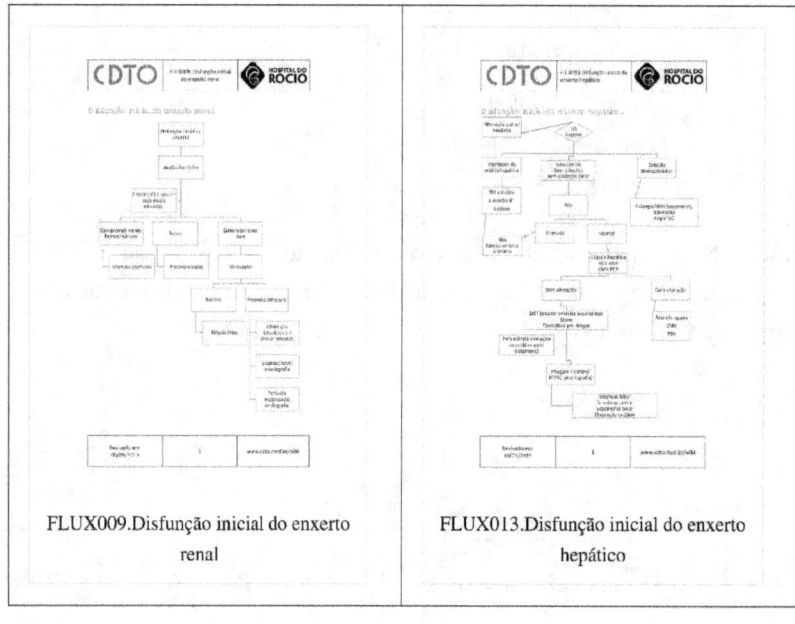

FLUX009.Disfunção inicial do enxerto renal

FLUX013.Disfunção inicial do enxerto hepático

Rotinas de enfermagem

Preparo do leito de UTI

Antes da chegada do paciente do Centro Cirúrgico é necessário a configuração do espaço e equipamentos necessários.

- Bombas de infusão:
  - Drogas vasoativas
  - Sedação
  - Analgesia
  - Reposição volêmica
- Pressurizadores de infusão.
- Transdutores PAM e PVC.
- Monitor multiparamétrico.
- Ventilador.

Admissão paciente

A maioria dos pacientes chegam à UTI com os seguintes:

- Acesso central e periférico.
- PAM
- Ventilação mecânica
- Colchão térmico (transplante de fígado)
- Dreno abdominal
- Sonda vesical

Na admissão:

- Presença da equipe multidisciplinar: médico intensivista, enfermeiro, técnicos de enfermagem, fisioterapia.
- Passagem das características do caso.
- Conexão ao monitor, ventilação mecânica (garantir tubo endotraqueal e parâmetros do ventilador)
- Avaliação primária:
  - Via aérea.
  - Respiração (radiografia de tórax; conferir posicionamento tubo, complicações pulmonares)
  - Circulação (coleta exames bioquímicos da admissão, calibragem parâmetros de monitorização invasiva)
  - Localização drenos.

Após estabilização inicial

Conforme Manejo peri-operatório e pós-operatório imediato.

- Fluidos IV de manutenção (tipo e velocidade de infusão)
- Ordens de sedação (tateamento doses e parâmetros de extubação)
- Ordens de analgesia
- Exames laboratoriais de rotina
- Profilaxia TVP
- Ordens e parâmetros da ventilação mecânica
- Controle glicêmico e parâmetros de correção
- Bolus de fluido / hemoderivados
- Drogas vasoativas
- Cateter de Foley.
- Medicações de rotina
- Medicações anti-rejeição.

Avaliação cabeça-aos-pés.

Parâmetros de avaliação de enfermagem do pós-operatório imediato de pacientes de transplante abdominal.	
Neurológico	Nível de sedação e padrão de despertar; pupilas(isocoria, reação à luz), avaliação de dor.
Cardiovascular	Parâmetros hemodinâmicos (PA,PVC,PAM,FC,pulsos periféricos,edema)
Respiratório	Parâmetros do ventilador e de extubação, sons pulmonares, secreções traqueais (quantidade,cor,consistência),medidas de prevenção de pneumonia aspirativa, monitorização continua da saturação O2 periférica.
Gastrointestinal	Avaliação de tubos e drenos que pode incluir sonda nasogástrica, nasoenteral, drenos abdominais, drenos biliares, ostomias. Cada tubo/dreno deve ser avaliado quanto: patência, cor da drenagem, quantidade, viscosidade, sinais de sangramento ou de vazamento de bile. A incisão cirúrgica é avaliada quanto a sinais de deiscência, drenagem, vermelhidão, edema ou supuração. Sons intestinais (ruídos hidroaéreos), eliminação de *flatus* e evacuação são monitorados.
Genitourinário	Tipo de cateter urinário, qualidade da urina(cor,consistência,quantidade,odor,débito horário. Monitorar de perto e em **conjunto com a reposição de volume**.
Pele	Áreas com soluções de continuidade (feridas) ou lesões por pressão. Ordenar cuidados apropriados.
Doenças infecciosas	Avaliar áreas em potencial para infecção, locais de inserção de monitorização invasiva; aplicar curativos com as técnicas adequadas de assepsia e antissepsia; limpar e aplicar curativos nas áreas de incisão cirúrgica; avaliar áreas de vermelhidão(rubor), aumento de temperatura(calor), inchaço(edema), supuração. Monitorar parâmetros laboratoriais.
Endócrino	Monitorar níveis glicêmicos e corrigir conforme ordenado.

Busca ativa por complicações no pós-transplante

	Parâmetros de avaliação de enfermagem do pós-operatório imediato de pacientes de transplante abdominal.
Neurológico	Tateamento da dose da sedação para facilitar a avaliação do despertar da anestesia geral, capacidade de responder a comandos, preparação para desmame e extubação, reconhecer incapacidade desmame que pode necessitar avaliação complementar (TC, EEG). Avaliar e graduar dor, medicar conforme ordenado. Avaliação constante de mudanças do padrão mental que pode ser indicador de retenção de CO_2, toxicidade dos medicamentos anti-rejeição, psicose UTI, suspensão de medicamentos psiquiátricos de uso prévio, etc.
Cardiovascular	Avaliação atenciosa dos parâmetros hemodinâmicos (PA,PVC,PAM,FC,pulsos periféricos,temperatura)que podem ser os primeiros sinais de hemorragia/depleção de volume ou de sepse. Resultados laboratoriais devem ser observados e discutidos com a equipe médica referentes a mudanças dos níveis de eletrólitos, fatores de coagulação, Hb e VG. Manejo adequado de todas as linhas centrais é imperativo para a segurança do paciente. Enfermagem da UTI é responsável pela assistência na inserção de novos acessos centrais e remoção das mesmas se ordenado.
Respiratório	Monitorar sinais para extubação precoce. Monitorar mudanças no *status* da ventilação, como aumento da FiO_2 e PEEP, sons pulmonares e secreções. Prevenção de pneumonia associada a ventilação é extremamente dependente da enfermagem e inclui cuidados com a higiene oral, elevação da cabeceira da cama e posicionamento/mobilização frequente para auxiliar no toalete pulmonar. Manejo de tubos torácicos de presentes.
Gastrointestinal	Avaliação frequente das incisões abdominais e drenos para mudanças na quantidade de drenagem, cor e consistência. Manejo de múltiplas incisões e drenos. Avaliar prevenção de úlcera gastrointestinal e nutrição precoce. Observação cuidadosa do abdome para aumento da dor, distensão, restauração de *flatus* e evacuação. Cuidados com a ostomia e monitorização do débito.
Renal	Controle preciso de ganhos&perdas, atenção a mudanças na quantidade e qualidade da urina produzida.Seguir a reposição de volume de horário como ordenada. Atentar ao débito urinário, já que se relaciona a mudanças no estado hemodinâmico.
Rejeição	Enviar diariamente /garantir a coleta diária da avaliação laboratorial e monitorar nível das medicações imunossupressoras. Trabalhar em conjunto com a equipe de transplante em relação a mudanças nas doses das medicações. Monitorização de sinais e sintomas de rejeição - mudança de valores laboratoriais, aumento icterícia, ascite, mudanças na aparência/drenagem da ostomia e mudanças no débito urinário.
Infecção	Garantir a correta lavagem das mãos de todos os profissionais de saúde e membros da família. Higiene oral meticulosa, cuidados com os cateteres, acessos centrais (incluindo retirada precoce), banho com soluções degermantes, contenção de fluidos corpóreos drenados para evitar a contaminação de incisões cirúrgicas ou áreas com solução de continuidade da pele. Monitorização dos parâmetros hemodinâmicos que podem indicar sepse de maneira precoce.
Integridade da pele.	Rodar e reposicionar a cada 2 horas, mobilização precoce,cuidados de pele que inclui lavagem e hidratação, rotação diária do tubo endotraqueal e amortecimento das traqueostomias. Inspeção de áreas de rubor ou abertas. Obter autorização para cremes de cicatrização/desbridamento quando necessários.

Imunossupressão

Indução

Rim

- Iniciar medicações imunossupressoras no momento do transplante renal. Objetiva depletar ou modular a resposta das células T no momento da apresentação do antígeno.
    - Primeira escolha: antagonista do receptor da interleucina-2 (IL2-RA), basiliximab (20mg IV no dia 0 e 4 pós-transplante).
    - Segunda escolha: agente de depleção linfocitária, Globulina anti-timocitária (ATG; 1-1,5mg/kg/dia), para pacientes de maior risco imunológico.
- Considerar não usar ATG para receptores EBV negativos pelo risco de PTLD.
- Considerar não usar indução para pacientes com zero de *HLA mismatch*.
- Número de *mismatches* para definir de alto ou baixo risco imunológico não é bem definido. Europa: 5-6 *mismatches*.

Fatores de risco para rejeição (maior risco imunológico)
Número de human leukocyte antigen (HLA) mismatches
Receptor jovem
Doador idoso
Etnia negra
PRA>0%
Presença de anticorpo doador-específico
Incompatibilidade de grupo sanguíneo
Delayed graft function
Tempo de isquemia fria>24h

Fígado
- Não é utilizado de rotina.
- Transplante fígado-rim: antagonista do receptor da interleucina-2 (IL2-RA), basiliximab.

Pâncreas
- TPRS: conforme risco imunológico rim.
- TPI ou TPAR: indução com agente de depleção linfocitária (thymoglobulina)

Manutenção

Rim

- Terapia combinada de tacrolimus (0,1-0,15mg/kg 2x/dia), micofenolato (500mg a 2g/dia; 12/12h) com ou sem corticoide (prednisona; 0,6-2mg/kg ao dia). Iniciar no momento do transplante.
- Objetivar utilizar diferentes classes de imunossupressores em doses mais baixas para somar eficácia e reduzir toxicidade.
- Pacientes com baixo risco imunológico e que receberam terapia de indução, considerar retirar corticóide até a primeira semana. Não é clara a associação de baixas doses de corticóides (prednisona 5mg/dia) na terapia de

longo prazo com os efeitos colaterais graves dos esteróides (osteoporose, necrose avascular, catarata, ganho de peso, diabetes, hipertensão e dislipidemia).
- Não descontinuar corticóide com mais de um ano de pós-transplante.
- Individualizar as doses das medicações imunossupressoras de acordo com o perfil do paciente.
- Azatioprina 1,5mg/kg pode ser utilizada como anti-metabólito substituindo MMF.
- Ciclosporina 8-12mg/kg/dia dividida em 2 tomadas pode ser utilizada substituindo tacrolimus.
- **Níveis séricos** *(C0 - 12-h trough levels)*
    - **Inicial TAC:** 10 (5-15)ng/mL
    - **Inicial CsA:** 200 (150-300)ng/mL; após 3 meses 150-200ng/ml; após 1 ano 100-150ng/ml.
    - **Inicial MMF:** 2g
- Manutenção TAC: tentar reduzir dose após 2-4 meses do transplante. Avaliação é individualizada conforme risco imunológico. Retirada TAC resulta em aumento das taxas de rejeição.
- Deterioração a longo prazo da função do enxerto é resultante de fibrose intersticial/atrofia tubular, que pode ser causada por múltiplos fatores tanto imunológicos quanto não-imunológicos.

Fígado

- Inibidor calcineurina: Tacrolimus (0,05mg/kg VO 12/12h) ou Ciclosporina (4mg/kg VO 12/12h).
    - Atentar função renal para início uso.
    - Níveis séricos (C0-through levels):
        - Tacrolimus: primeiros 3 meses de 8-12 ng/ml; após 3 meses 5-10 ng/ml.
        - Ciclosporina: primeiros 3 meses 150-250ng/l; após 3 meses 50-150 ng/ml.
- Anti-metabólito: MMF 1g VO 12/12h.
    - Atentar para redução 50% dose se: leucócitos <2000; plaquetas <40000; infecção CMV.
    - Primeiros 3 meses 2g/dia; após 3 meses 1g/dia.
- Corticóide:
    - Ato cirúrgico: 500mg metilprednisolona.
    - Retirada corticoide aos 3 meses.
    - Considerar manutenção em pacientes de maior risco imunológico (hepatite autoimune, re-transplante, rejeição prévia, transplante duplo fígado-rim).
    - Esquema retirada.

Dias após tx	Droga	mg/dose	Intervalo
1	Metilprednisolona	80mg	12/12h
2	Metilprednisolona	60mg	12/12h
3	Metilprednisolona	40mg	12/12h
4	Metilprednisolona	20mg	12/12h
5-8	Prednisona	20mg	24h
9-12	Prednisona	15mg	24h
13-30	Prednisona	10mg	24h
30-60	Prednisona	7,5mg	24h
61-90	Prednisona	5	
91-120	Prednisona	2,5	
121	Suspender, exceto retransplante ou condições especiais		

Pâncreas
- Imunossupressão segue prerrogativas do transplante renal.

Guidelines
Vide Guidelines de imunossupressão.

Toxicidade

Efeito colateral	Esteróides	CsA	TAC	mTORi	MMF	AZA
NODAT	↑	↑	↑↑	↑	-	-
Dislipidemia	↑	↑	-	↑↑	-	-
Hipertensão	↑↑	↑↑	↑	-	-	-
Osteopenia	↑↑	↑	(↑)	-	-	-
Anemia e leucopenia	-	-	-	↑	↑	↑
Retardo cicatrização	-	-	-	↑	-	-
Diarréia, náuseas/vômitos	-	-	↑	-	↑↑	-
Proteinúria	-	-	-	↑↑	-	-
Diminuição GFR	-	↑	↑	-	-	-

↑ indica efeito adverso leve/moderado; ↑↑ indica efeito adverso moderado/grave; (↑) indica um efeito adverso possível.

Monitorização das drogas imunossupressoras
- Tacrolimus: C0
- mTORi: C0
- MMF: monitorização controversa, não utilizar.
- Esteróides: não disponível.
    - C0 (*concentração mínima,'vale'*) é a concentração sérica aferida após o intervalo da dose (ex. 12 horas após a ingesta se o intervalo de ingesta for de 12/12h).

Arquivos relacionados

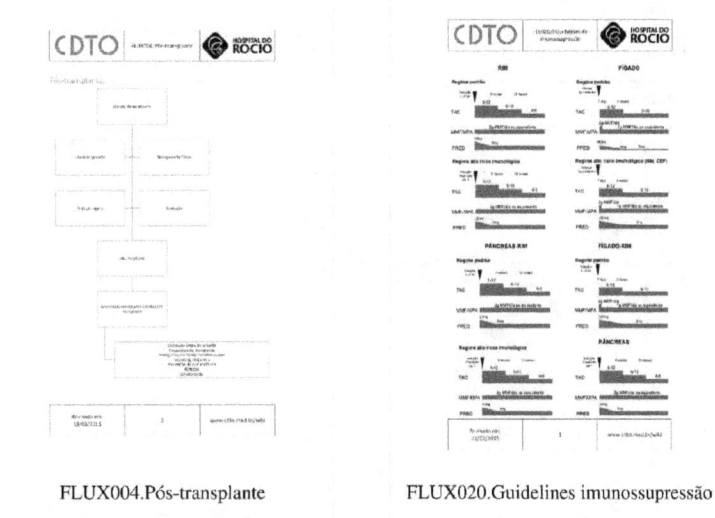

FLUX004.Pós-transplante   FLUX020.Guidelines imunossupressão

Drogas imunossupressoras

Agentes farmacológicos

Ciclosporina

- Sandimmun ©, Sandimmun neoral ©
- Cápsula 25,50 e 100mg.
- Efeitos adversos: nefrotoxicidade, hirsutismo, hipertrofia gengival, neurotoxicidade, HAS, DM, rabdomiólise (quando associada a estatina).
- Interações medicamentosas:

Aumentam a concentração sanguínea	Diminuem a concentração sanguínea
Eritromicina	Rifampicina
Claritromicina	Carbamazepina
Clotrimazol	Fenobarbital
Imipenem	Fenitoína
Fluconazol	Ácido valpróico
Ketoconazol	Caspofungina
Itraconazol	*Hypericum perforatum*
Voriconazol	Ticlodipina
Diltiazem	Colestiramina
Verapamil	Sevelamer
Amlodipino	Corticoesteróides
Nicardipino	Álcool

Ritonavir	
Metilprednisolona	
Esteroides anabolizantes	
Testosterona	
Cimetidina	
Anticoncepcionais orais	
Metoclopramida	
Grapefruit (toranja, pomelo)	

Tacrolimus

- Prograf ©
- 0.5, 1 e 5mg.
- Monitoração: C0.
- Tomar 1 hora antes ou 2 horas após as refeições.
- Efeitos adversos: nefrotoxicidade, neurotoxicidade, diabete melito, síndrome hemolítico-urêmica, diarreia, hipofosfatemia.
- Exposição ao TAC (níveis séricos) é sempre maior em pacientes em jejum. Detalhe relevante no período pós-transplante imediato, pois níveis séricos do tacrolimus devem ser interpretados com cuidado, já que provavelmente as primeiras dosagens superestimam a exposição à droga em virtude do jejum do paciente.
- Geralmente a população negra necessita do dobro da dose de TAC para atingir níveis terapêuticos.
- Interações medicamentosas idênticas da ciclosporina.

Micofenolato mofetil

- Cellcept ©
- Comprimidos de 500mg.
- Associação do MMF com ciclosporina reduz sua concentração sérica pela interferência da ciclosporina na circulação êntero-hepática.
- Dosagem não é feita de rotina.
- Efeitos adversos: gastrointestinais (diarréia, dor abdominal e vômitos), hematológicos (leucopenia). Associado a infecções (herpes simples, herpes zóster, citomegalovírus).

Micofenolato sódico

- Myfortic ©
- Comprimidos de 360 e 180mg
- Ácido micofenólico revestido com objetivo de reduzir os sintomas do trato digestivo.
- Dose 1440mg dividida em 2 doses diárias se equivale a 2g de MMF.

Azatioprina

- Imuran ©
- Comprimidos 50mg
- Dose única diária: 2-3mg/kg/dia quando usada como imunossupressor de base. 1-2mg/kg/dia se associada a inibidor de calcineurina. Reduzir dose se insuficiência renal, idoso ou alterações hepáticas.
- Não é realizada monitoração na rotina diária.

- Efeitos adversos: depressão medular (série leucocitária>vermelha>plaquetas), hepatotoxicidade (dose-independente), aumenta incidência câncer pele.
- Interação: alopurinol, febuxostat (anti-gotosos).

Rapamicina/sirolimo

- Rapamune©
- Solução 1mg/ml; comprimidos 1 e 2 mg/ml.
- Geralmente utilizado como terapia de conversão em pacientes com nefrotoxicidade pelos inibidores de calcineurina. Pacientes candidatos devem ter *clearance* creatinina >40 e proteinúria< 1g/dia.
- Deve ser administrado em jejum; dose única diária.
- Rim: níveis recomendados quando utilizado **sem** IC: 10-15 primeiros 3 meses; 8-12ng/mL após. Na conversão, fazer período de sobreposição (uso de IC + rapa) por 2 ou 3 dias, na dose 4-5mg/dia, sendo assim desnecessária a dose de ataque de 3x a dose de manutenção.
- Efeitos adversos: hiperlipidemia, mielotoxicidade, gastrointestinais (úlceras oraise diarréia), dermatológicos (acne, foliculite, hidradenite), proteinúria.

Everolimo

- Certican©
- Comprimidos 0,25/0,5/0,75/1mg
- Inbidor da mTOR assim como a rapamicina. Principal diferença é o tempo de meia-vida mais curto, necessitando de duas doses diárias.
- Pode ser administrado em conjunto com a ciclosporina (diferente da rapamicina).
- Utilizado predominantemente em associação com a ciclosporina (em doses reduzidas).
- Potenial de uso em situações semelhantes à rapamicina.
- Em substituição ao MMF quando da intolerância ao último.

Corticoesteróides

- Prednisona - Meticorten©. Comprimidos de 20 e 5mg.
- Metilprednisolona - Solu-Medrol©. Ampolas de 125 e 500mg.
- Geralmente 250 a 500mg metilprednisolona EV durante a cirurgia do transplante.
- Dose inicial varia de 20mg (dose total) a 2mg/kg/dia, VO, pela manhã. Dose diminuída de forma progressiva, sem regra fixa.
- Efeitos adversos: dificuldade cicatrização, osteoporose, necrose asséptica, catarata e glaucoma, DM, hipercolesterolemia, hipertrigliceridemia, aumento de peso, redistribuição do tecido adiposo, fácies cushingóide, hirsutismo, acne, fragilidade capilar, úlcer péptica, pancreatite, hipertensão arterial, transtornos psiquiátricos, aumento do risco de infecções.

Agentes biológicos

Globulina anti-timocitária

- Timoglobulina©-Genzyme; ATG©-Fresenius.
- Administração de proteína estranha (coelho), pode resultar em *serum sickness* 5-15 dias após início do tratamento, se apresentando com febre, rash, artralgia e mialgia. Sintomas geralmente auto-limitados e respondem ao tratamento com corticoide. Se ocorrer resposta imune pode gerar anticorpos neutralizantes, limitando o uso subsequente.
- Indução: 1-1,5mg/kg/dia por 3-9 dias após o transplante.
- Rejeição resistente a corticoide: 1,5mg/kg/dia por 7-14 dias.
- Pacientes obesos: usar peso ideal em vez do atual.
- Preferencialmente administrar via acesso central, mas pode ser via periférica. Infusão durante 6 horas.

Protocolo para administração de ATG
1. Paciente não deve estar mais de 3% acima de seu peso seco no início do tratamento.
2. Ultrafiltração ou diuréticos podem ser necessários para atingir o peso seco.
3. Não deve haver sinais clínicos ou radiológicos de congestão pulmonar.
4. Metilprednisolona, 500mg IV, 1 hora antes da injeção de ATG.
5. Dipirona 500-1000mg ou acetoaminofeno 500mg no início da infusão de ATG.
6. Metoclopramida 10mg IV, 30 minutos antes da infusão de ATG.
7. Difenidramina, 25-50mg IV, 30 minutos antes da infusão de ATG.
8. Hidrocortisona 100mg IV, 1 hora após administração de ATG.
9. ATG 1-1,5mg/kg/dia, administrado em SG5% ou SF0,9% no período de 4-6 horas por 7-14 dias. As doses são diárias ou conforme monitoração dos níveis das células CD3, ou contagem total de linfócitos em sangue periférico <200 cél/mcL.
10. Monitorar frequentemente os sinais vitais nas duas primeiras doses.
11. Monitorar diariamente níveis de CD3 em sangue periférico.
12. Profilaxia antiviral com ganciclovir.
13. Ciclosporina ou tacrolimo: suspender ou manter metade da dose; restituir dose plena 2ou 3 dias antes da suspensão da terapêutica
14. Manutenção MMF na metade da dose.
15. Manter a dose da prednisona em 0,5mg/kg/dia durante o tratamento.
Itens 5 a 8 indicados na primeira fase do tratamento com ATG, podendo ser repetidos no segundo ou terceiro dia de tratamento.

- Monitoramento:
  - Plaquetas <50x10^9/L ou Leucócitos<2x10^9/L: **omitir** dose.
  - Plaquetas 50-75x10^9/L ou Leucócitos 2-3x10^9/L: **50%** dose.

Basiliximab

- Simulect©-Novartis.
- Frascos 20mg.
- Primeira dose no pré-transplante imediato e segunda dose no quarto pós-operatório.
- Reconstituir em 2,5ml de diluente, podendo ser administrado em *bolus* ou diluído em 50mL SF0,9% e administrada durante 20-30 minutos.

Arquivos relacionados

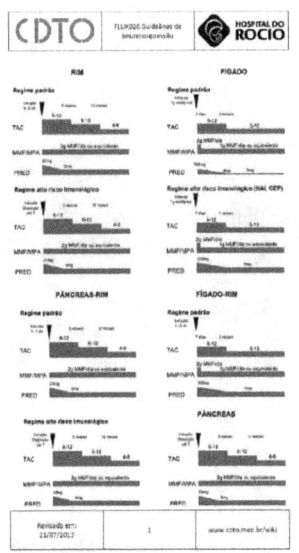

FLUX020.Guidelines imunossupressão

Rejeição aguda

Rim

Diagnóstico

- Suspeita clínica quando elevação da creatinina sérica e após a exclusão de outras causas de disfunção do enxerto (geralmente através de biópsia).
- Definições:
  - **Rejeição aguda:** declínio na função renal acompanhado de achados histológicos característicos.
  - **Rejeição aguda sub-clínica:** presença de alterações histológicas específicas de rejeição aguda na ausência de sinais ou sintomas clínicos.
  - **Rejeição celular aguda:** mediada por células T, que responde a corticóides.
  - **Rejeição aguda *borderline*:** alterações histopatológicas somente "suspeitas para rejeição aguda", de acordo com a classificação de Banff.
  - **Rejeição mediada por anticorpo:** alterações histológicas causadas por um anticorpo circulante anti-HLA, doador-específico.

Fatores de risco para rejeição mediada por anticorpos
Doação de esposo para esposa
Doação filho para mãe e mãe para filho
História de gravidez
História de transfusão
História de transplante
Crossmatch positivo atual ou histórico
Painel mostrando hipersensibilidade

Critérios para determinação de rejeição mediada por anticorpo doador-específico
Coloração dos capilares peri-tubulares com C4d (quarta fração do complemento)
Presença de um anticorpo circulante, anti-HLA, doador específico
Alterações histológicas consistentes com rejeição mediada por anticorpos, incluindo (mas não limitada) a presença de células polimorfonucleares nos capilares peritubulares.

- Obter confirmação histológica (biópsia) sempre que possível, desde que não atrase início do tratamento. Classificar segundo Banff. **Discutir biópsias protocolares para pacientes de maior risco imunológico.**
- Rejeição aguda sub-clinica e *borderline* são tratadas da mesma maneira que rejeição aguda.

Rejeição aguda

Diagnóstico diferencial
- Complicações cirúrgicas:
- Complicações infecciosas: nefropatia pelo BK poliomavirus.

Tratamento
- Rejeição celular (mediada por células T):
    - Primeira-linha: solumedrol 500mg-1000mg/dia (5-10mg/kg) por 3-5 dias.
    - Segunda-linha: ATG (Quando Banff IIA ou IIB? ==> sem evidências; usar eles somente se resistente a corticóide).
    - Rejeição resistente ao corticóide ou recorrente: realizar diagnóstico diferencial e tratar com ATG.
- Rejeição mediada por anticorpo:
    - Plasmaférese para remover anticorpo doador-específico e/ou
    - Imunoglobulina IV e
    - anticorpo monoclonal anti-CD20+ (Rituximabe).
- Iniciar profilaxias contra infecções oportunistas, monitorização do desenvolvimento de diabete melito pós-transplante e prevenção de sangramento gastrointestinal com bloqueador de bomba de prótons.

Protocolo para tratamento da rejeição aguda mediada por anticorpos.
1. Plasmaférese de 1-1,5 volemia por 5-7 sessões em dias alternados.
2. IVIG (imunoglobulinas intra-venosas) na dose de 500mg/kg após a primeira e segunda sessão de plasmaférese e 200mg/kg após as demais. Solução a 10%, iniciar infusão a 0,5 mL/kg/h, podendo aumentar posteriormente.
3. Metilprednisolona 500mg IV/dia, nos primeiros 3 dias; prednisona 0,5mg/kg/dia após.
4. Imunossupressão de base com TAC e MMF.
5. Monitorar presença de anticorpos anti-doador.
6. Administrar todas as medicações pós-plasmaférese.
7. Considerar uso de rituximabe ou bortezomibe se não houver resposta e a biópsia demonstrar rim viável com continuidade de processo humoral significativo.
8. ATG se houver evidência de componente de rejeição celular. Fazer preparo para evitar síndrome de primeiro uso.
9. Se não houver melhora da função do enxerto, assegurar perfusão e re-biopsiar ao término do curso de tratamento.

Controle do tratamento da rejeição mediada por anticorpos.
1. Diminuição >50% dos títulos de anticorpo doador-específicos.
2. Desaparecimento de depósitos da fração C4d do complemento nos capilares peritubulares.

Pâncreas

Diagnóstico

- TPRS: Suspeita clínica quando elevação da creatinina sérica e após a exclusão de outras causas de disfunção do enxerto (geralmente através de biópsia). A rejeição renal geralmente precede a do enxerto pancreático.
- TPI: biópsia de rotina. Alteração de enzima pancreática sérica (lipase)- acometimento acinar - e níveis glicêmicos - acometimento ilhotas - são eventos tardios no processo de rejeição.

Tratamento

- Rejeição celular (linfócitos T):
  - Rejeição aguda leve: pulsoterapia com corticoesteróide.
  - Rejeição moderada a grave: ATG
- Rejeição mediada por anticorpo:
  - Mesma linha de tratamento do transplante renal:
    - Plasmaférese para remover anticorpo doador-específico e/ou
    - Imunoglobulina IV e
    - anticorpo monoclonal anti-CD20+ (Rituximabe)

Fígado

Diagnóstico

- Sugerido pela alteração de enzimas do painel hepático (AST, ALT, FA, GGT), seguido da aparência de icterícia e algumas vezes febre baixa. Tipicamente em pacientes com baixa aderência ou baixos níveis séricos do inibidor de calcineurina.
- Realizar biópsia hepática.
- Graduar histologicamente:
  - Escore RAI de acordo com critérios Banff:
    - 0-2 sem rejeição
    - 3 *borderline*
    - 4-5 rejeição leve
    - 6-7 rejeição moderada
    - 8-9 rejeição grave

Diagnóstico diferencial

- Colangiopatia obstrutiva
- Estenose/trombose da artéria hepática.
- Citomegalovírus.
- Recorrência de doenças (HAI, HCV, CEP).
- Hepatotoxicidade por drogas
- Infecção / Sepse
- Processo infiltrativo (amiloidose, neoplasia, infecção fúngica)

Tratamento

- Considerar a gravidade histológica da rejeição e a presença da infecção pelo vírus C (vide algoritmo de tratamento).
- Conservador: em casos de rejeição leve sem alteração laboratorial, otimizar imunossupressão.
- Medicamentoso:
    - Metilprednisolona 500mg-1g por 1-3 dias.
    - Segunda linha:
        - Timoglobulina: 1,5mg/kg/dia por 5-7 dias.
        - Adicionar sirolimus: nível alvo de 12-20 ng/mL
        - Adicionar micofenolato mofetil: dose alvo de 3g 8/8h se tolerado.
        - Tacrolimus: caso paciente em regime de ciclosporina.
        - Deoxyspergualin 3: 5mg/kg/dia por 4-14 dias
- Iniciar profilaxias contra infecções oportunistas, monitorização do desenvolvimento de diabete melito pós-transplante e prevenção de sangramento gastrointestinal com bloqueador de bomba de prótons.
- Resposta histológica e bioquímica é esperada nos 3-5 primeiros dias após alta dose de corticoesteróides.

Arquivos relacionados

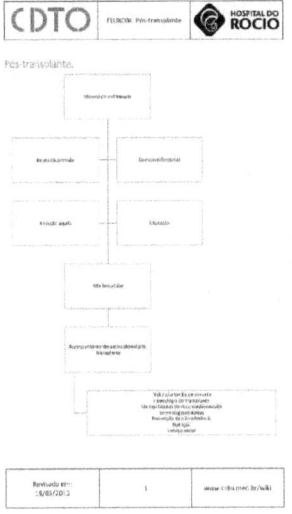

FLUX004.Pós-transplante

Manejo de enfermaria

Cronograma

Rim

- Avaliação clínica e laboratorial diária.
- Deambulação e alimentação precoces.
- Sondagem vesical de demora por 4-5 dias. Após a retirada da sonda é coletado parcial de urina/urocultura.
- Retirada dreno 2 dias após retirada da sonda vesical e débito reduzido (<100ml/dia).
- Retirada do cateter JJ 5-7 semanas após transplante.
- Retirada do cateter de diálise peritoneal 5-7 semanas após o transplante.

Fígado

- Avaliação clínica e laboratorial diária.
- Deambulação e alimentação precoces.
- Dreno abdominal retirado após 5 dias se não houver indícios de fístula biliar, independente da drenagem de líquido ascítico.

Pâncreas

- Avaliação clínica e laboratorial diária.
- Deambulação e alimentação precoces.
- Dreno abdominal retirado quando débito <100ml/dia e ausência de sinais de fístula pancreática.

Profilaxias infecciosas

Vide seção de Doenças infecciosas.

Pós-transplante

Germe/sítio	Primeiro semestre		Segundo semestre
	1-3 meses	4-6 meses	6-12 meses
ITU	Sulfametoxazol (400mg) + trimetoprima (80mg) diário		
P. jirovecci	Sulfametoxazol (400mg) + trimetoprima (80mg) diário	-	
Candida	Nistatina ou fluconazol	-	-
CMV	Valganciclovir / ganciclovir	-	-
EBV (IgG-)	Ganciclovir / aciclovir		

Pós tratamento de rejeição aguda

	1	2	3	4	5	6
P. jirovecci	Sulfametoxazol (400mg) + trimetoprima (80mg) diário					
Candida	Nistatina ou fluconazol				-	-
EBV (IgG-)	Ganciclovir / aciclovir					
CMV	Ganciclovir / valganciclovir.					

Evolução médica diária

- Evoluir previsão de alta para os próximos 5 dias para preparo da equipe multidisciplinar.

Alta hospitalar

Requisitos para alta hospitalar:

- Está apto a receber a ingesta nutricional diária;
- Está utilizando medicações que permitam seu uso domiciliar e/ou administração em caráter de hospital dia;
- Possui suporte familiar já organizado.

Informações verbais e impressas da equipe multidisciplinar antes da alta:

- Médica
- Enfermagem
- Nutrição
- Demais especialidades em caso específico.

Arquivos relacionados

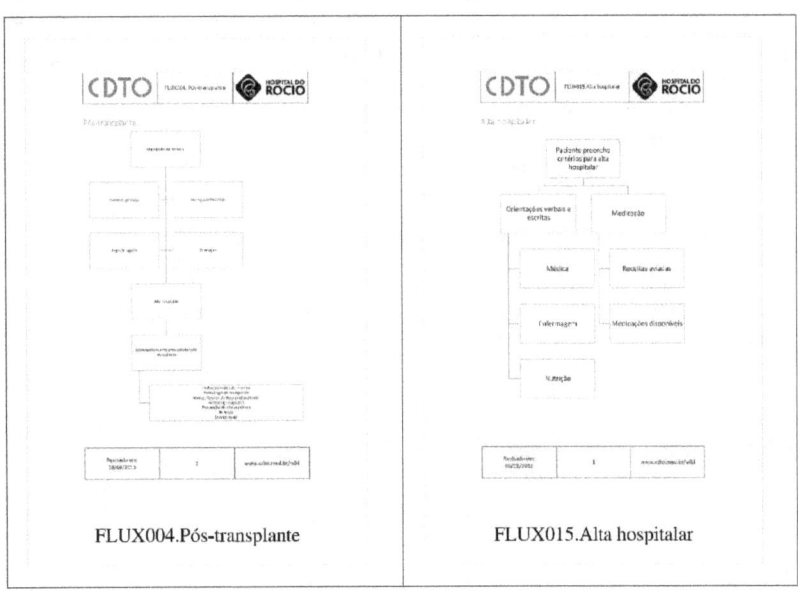

FLUX004.Pós-transplante   FLUX015.Alta hospitalar

Acompanhamento ambulatorial pós-transplante

Peridiocidade de acompanhamento e exames

Rim

	1° mês	2° mês	3° mês	2°- 3°- 4° trimestres	2° ano	3°- 5° ano
Consulta	2x/semana	1x/semana	2x/mês	1x/mês	Bimestral	Trimestral
HMG completo e Bioquímica[1]	1x/semana	1x/semana	2x/mês	1x/mês	Bimestral	Trimestral
Cálcio e fósforo	1x/mês	1x/mês	-	6° e 12° mês	18° e 24° mês	Anual
Glicemia, Hb gli, TTOG[2]	1x/semana	2x/mês	1x/mês	6° e 9° mês	18° e 24° mês	Anual
Perfil lipídico[3]	1x/mês	1x/mês	-	8° mês e 12° mês	Trimestral	Anual
Painel hepático[4]	1x/mês	1x/mês	-	8° mês e 12° mês	Semestral	Anual
Proteinúria 24h	1x/mês	-	-	6° mês e 12° mês	Semestral	Anual
PU, urocultura	1x/mês	1x/mês	1x/mês	Mensal	Semestral	Anual
PTH, FA, ácido úrico	1x/mês	-	-	6° mês e 12° mês	Semestral	Anual
Nível do imunossupressor[5]	2x/semana	1x/semana	2x/mês	Mensal	Bimestral	Semestral
Poliomavírus[6]	Mensal	Mensal	Mensal	Trimestral	Semestral	-
ECG/RX tórax	-	-	1x	12° mês	Anual	Anual
US abdome / ecocardio	-	-	-	6° mês	Anual	Anual
HCV, HbsAg, HIV	-	-	-	12° mês	Anual	Anual

1.Bioquímica (sódio, potássio, creatinina, uréia) 2.Teste de tolerância oral à glicose. 3.Colesterol total, triglicerídeos, HDL, LDL. 4.Bilirrubinas totais e frações, fosfatase alcalina, Gama-GT, Proteínas totais e frações, TAP, AST, ALT.5.Nível sérico do tacrolimus ou ciclosporina ou sirolimus.6.PCR quantitativo sérico; alternativa é pesquisa de células decoy na urina.

Fígado

	1° mês	2° mês	3° mês	2°- 3°- 4° trimestres	2° ano	3°- 5° ano
Consulta	2x/semana	1x/semana	2x/mês	1x/mês	Bimestral	Trimestral
HMG completo e Bioquímica[1]	1x/semana	1x/semana	2x/mês	1x/mês	Bimestral	Trimestral
Painel hepático[2]	1x/semana	1x/semana	2x/mês	1x/mês	Bimestral	Trimestral
Glicemia, Hb gli, TTOG[3]	1x/semana	2x/mês	1x/mês	6°e 9°mês	18°e 24°mês	Anual
Perfil lipídico[4]	1x/mês	1x/mês	-	8°mês e 12°mês	Trimestral	Anual
Nível CsA/TAC/sirolimus[5]	2x/semana	1x/semana	2x/mês	Mensal	Bimestral	Semestral
ECG/RX tórax	-	-	1x	12°mês	Anual	Anual
US abdome / ecocardio	-	-	-	6°mês	Anual	Anual
HCV, HbsAg, HIV	-	-	-	12°mês	Anual	Anual
Biópsia hepática (HCV)	-	-	-	12°mês	Anual	Anual
Biópsia hepática (não-HCV)	-	-	-	12°mês	-	Bi-anual

1.Bioquímica (sódio, potássio, creatinina, uréia) 2.Bilirrubinas totais e frações, fosfatase alcalina, Gama-GT, Proteínas totais e frações, TAP, AST, ALT 3.Teste de tolerância oral à glicose. 4.Colesterol total, triglicerídeos, HDL, LDL. .5.Nível sérico do tacrolimus ou ciclosporina ou sirolimus.

Pâncreas

	1° mês	2° mês	3° mês	2°- 3°- 4° trimestres	2° ano	3°- 5° ano
Consulta	2x/semana	1x/semana	2x/mês	1x/mês	Bimestral	Trimestral
HMG completo e Bioquímica[1]	1x/semana	1x/semana	2x/mês	1x/mês	Bimestral	Trimestral
Cálcio e fósforo	1x/mês	1x/mês	-	6°e 12°mês	18°e 24°mês	Anual
Glicemia, Hb gli, TTOG[2]	1x/semana	2x/mês	1x/mês	6°e 9°mês	18°e 24°mês	Semestral
Peptídeo C	1x/semana	2x/mês	1x/mês	6°e 9°mês	18°e 24°mês	Semestral
Perfil lipídico[3]	1x/mês	1x/mês	-	8°mês e 12°mês	Trimestral	Anual
Painel hepático[4]	1x/mês	1x/mês	-	8°mês e 12°mês	Semestral	Anual
Proteinúria 24h	1x/mês	-	-	6°mês e 12°mês	Semestral	Anual
PU, urocultura	1x/mês	1x/mês	1x/mês	Mensal	Semestral	Anual
PTH, FA, ácido úrico	1x/mês	-	-	6°mês e 12°mês	Semestral	Anual
Nível imunossupressor[5]	2x/semana	1x/semana	2x/mês	Mensal	Bimestral	Semestral
Poliomavírus[6]	Mensal	Mensal	Mensal	Trimestral	Semestral	-
ECG/RX tórax	-	-	1x	12°mês	Anual	Anual
US abdome / ecocardio	-	-	-	6°mês	Anual	Anual

| HCV, HbsAg, HIV | - | - | - | 12°mês | Anual | Anual |

1.Bioquímica (sódio, potássio, creatinina, uréia) 2.Teste de tolerância oral à glicose. 3.Colesterol total, triglicerídeos, HDL, LDL. 4.Bilirrubinas totais e frações, fosfatase alcalina, Gama-GT, Proteínas totais e frações, TAP, AST, ALT.5.Nível sérico do tacrolimus ou ciclosporina ou sirolimus.6.PCR quantitativo sérico; alternativa é pesquisa de células decoy na urina.

Imunologia pós-transplante

Segue protocolo do Laboratório de Imunologia.

Manejo fatores de risco cardiovascular e de disfunção tardia do enxerto

Fator de risco	Intervenção
Hipertensão arterial sistêmica	Não farmacológicas, BCC, i-ECA ou ARA-2
Dislipidemia	Dieta, estatina e fibratos
Diabete melito	Dieta, insulina e hipoglicemiantes orais
Tabagismo	Abandono
Imunossupressão	Menores doses possíveis. Individualização.
Estados de hipercoagubilidade	Antiadesivos plaquetários
Hiper-homocisteinemia	Ácido fólico
Anemia	Checar níveis de ferro, folato e vitamina B12.
Intervenções específicas pós-transplante rim	
Progressão FI/AT e proteinúria	MMF, inibidores da mTor, redução/suspensão IC e i-ECA ou ARA-2
Anormalidades minerais ósseas	Associadas a aumento do risco cardiovascular além das fraturas.
BCC: bloq canal cálcio; i-ECA: inibidores da enzima conversora da angiotensina; ARA-2: bloqueador do receptor da angiotensina 2; IC: inibidores da calcineurina.	

- Indicado uso de AAS como profilaxia primária (na evidência de aretrioesclerose) de doenças cardiovasculares nos pacientes pós-transplante.

Screening neoplasias

Rastreamento de neoplasias de pele, colo uterino, mama, próstata, colorretais, hepática e renal. Conforme protocolos das especialidades. *Screening* deve ser individualizado, especialmente naqueles com expectativa de sobrevida menor do que 5 anos.

Sítio	Incidência em relação a população.	Recomendações
Pele e lábios	↑↑	Uso de proteção solar. Avaliação dermatológica anual. Orientar auto-exame periódico. Orientar exposição solar adequada para auxílio na prevenção de desordens ósseas.
Cervical	↑	Exame ginecológico e Papa-nicolao anualmente.
Mama	=	Mamografia anual a partir dos 40 anos.
Próstata	=	Discussões a respeito da frequência e início do toque retal e PSA. Seguir protocolo de especialidade local.
Cólon	↑	Colonoscopia >50 anos.
Fígado	↑	US e alfafetoproteína semestral em cirróticos.
Rim	↑↑	Sem protocolo de screening definido. Risco aumentado se história pregressa de câncer renal e doença cística adquirida.

Prevenção de não-aderência

Educação e intervenção profissional
Reforçar que os pacientes reconheçam as medicações pelo nome, dosagem e razão da prescrição; reforçar esses pontos a cada visita (**incluir ambulatório de farmácia e bioquímica**)
Informar os pacientes a respeito dos efeitos colaterais das medicações.
Fornecer por escrito as mudanças de dose ou frequência das medicações.
Reduzir o número e frequência das medicações.
Reforçar a necessidade de uso da medicação mesmo se adequado funcionamento do aloenxerto.
Ensinar que a rejeição crônica é de início insidioso, de difícil diagnóstico em estágios iniciais e frequentemente não reversível uma vez estabelecido.
Procurar tratar efeitos adversos por outros meios que o da redução da dose.
Questionar sobre problemas em cada visita clínica, atentar para preocupações específicas do paciente.
Monitorar aderência aos testes laboratoriais, visitas clínicas e pega de medicamentos.
Abordagens comportamentais e psicossociais.
Suporte para encorajar comportamentos de boa aderência no período de pé-transplante.
Encorajar o paciente a apresentar um "diário" da aderência as medicações e conhecimento.
Encorajar desenvolvimento de empatia com a equipe de transplante.
Identificar e envolver um sistema de suporte (amigos, familiares)
Tratar depressão, ansiedade ou outros transtornos psicológicos.
Estabelecer um compromisso pessoal de aderência (contrato)
Abordagem de não-julgamento na discussão da aderência
Avaliar problemas sociais (seguro, dificuldades escola e trabalho)
Integrar uso da medicação na rotina diária.
Considerar meios eletrônicos de lembrete.
Promover educação continuada, discussão e aconselhamento de fácil acesso.

Arquivos relacionados

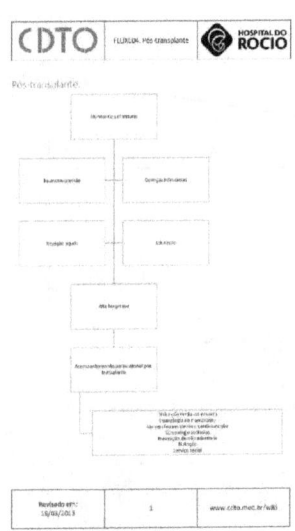

FLUX004.Pós-transplante

Admissão de paciente pós-transplante

Complicações infecciosas

Avaliação

Diagnóstico de infecção em pacientes pós-transplante		
Anamnese	História do transplante	Exame físico
Fatores de risco	Causa base	Crucial
Infecções prévias	Uso de indução imunossupressão	Direcionar tratamento
Cirurgias / procedimentos	Anatomia cirúrgica	Reduzir custos
Nosocomial	Funcionamento atual enxerto	Melhorar resultados
Alimentos, exposição sexual	Infecção derivada do doador	
Contatos com pessoas doentes		
Viagens		

- Solicitar avaliação laboratorial (hemograma completo, creatinina, uréia, AST, ALT, bilirrubinas, LDH, TAP, sódio, potássio, lactato, gasometria arterial.), R-X tórax PA/P, parcial de urina e urocultura.

Linha do tempo das infecções pós-transplante.

- Nos primeiros 6 meses, em virtude da maior carga de imunossupressão, devemos pensar de maneira mais abrangente, após esse período, as infecções passam a ter perfil mais comunitário.

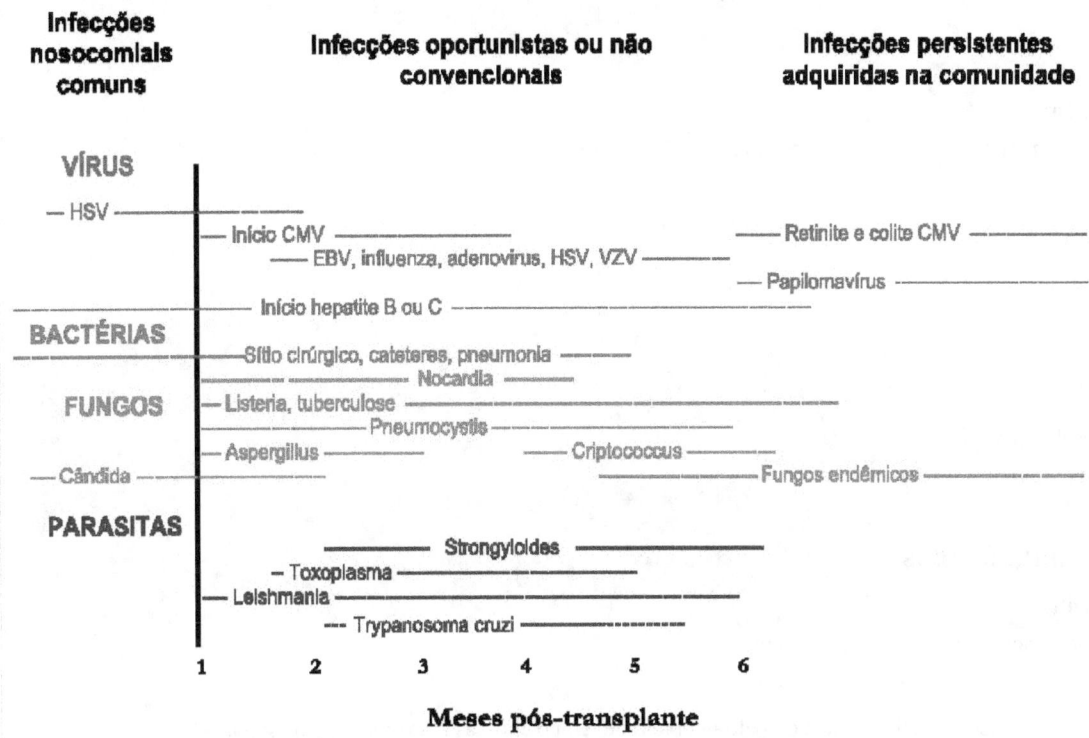

Infecções em transplante de órgãos sólidos. HSV=herpes simples vírus; CMV = citomegalovirus; EBV = Barr vírus; VZV = varicela zoster vírus. Adaptado de Fishman JÁ, Rubin RH. *N Engl J Med.* 1998;338:1741-1751.

Abordagem diagnóstica pelos sistemas orgânicos

Respiratório

- Radiografia PA/P
- Cultura + coloração de gram de escarro (se necessário induzir)
- Nódulos e/ou cavidades na radiografia → tomografia de tórax.
- Derrame pleural = toracocentese.
- **Pensar em isolar o paciente.**
- **Todas as pneumonias são parecidas.** Não existe padrão radiológico etiológico.

Sistema Nervoso Central

- Qualquer queixa de cefaléia associada a sinais clínicos infecciosos (astenia, prostração, inapetência, etc), **com ou sem** febre deve resultar na solicitação de tomografia de crânio e punção lombar.

Genito-urinário

- Urinálise + cultura.
- Ultrassonografia do enxerto.
- Se hematúria → investigar BK Vírus (PCR e/ou pesquisa células Decoy) + cultura para adenovírus.

Gastro-intestinal

- Cultura de fezes.
- Investigação clostridium.

Rash cutâneo

- Se pústula → material para cultura.
- Se vesícula → destelhar e cultura.

Procedimentos diagnósticos

- **Cultura, cultura, cultura.**
- Não iniciar antibioticoterapia antes da coleta de cultura.
- **Hemocultura:**
    - Duas amostras, separadas pelo local de coleta ou pelo intervalo de tempo entre as amostras (15 minutos).
    - Idealmente ambas periféricas OU uma periférica e uma central.
    - Adicionar cultura central se acesso apresentar sinais infecciosos.

Procedimento	Testes	Tubo
Paracentese	Albumina, proteína total, amilase, LDH	Verde
	Células contagem e diferencial	Roxo
	Coloração gram	Preto
	Patologia	Qualquer
	Do sangue: proteína total, albumina, LDH	Vermelho
Toracocentese	Albumina, proteína total, painel lipídico, glicose, pH, amilase	Verde
	Células contagem e diferencial	Roxo
	Coloração gram	Preto
	Patologia	Qualquer
	Do sangue: proteína total, albumina, LDH	Vermelho
Punção lombar	Contagem células e diferencial, proteínas totais, glicose	Tubo #1
	Coloração gram	Tubo #2
	Reserva para pesquisas posteriores	Tubo #3

Tratamento

- Após coleta de culturas, iniciar tratamento empírico baseado na suspeita do foco infeccioso resultante da investigação clínica e de imagem.
- Tratamento da sepse severa e choque séptico: 2012 International Guidelines for Management of Severe Sepsis and Septic Shock [1]
- Tratamento empírico sepse severa: conforme guidelines da University of Pennsylvania [1].

Fonte da sepse	Adquirida na comunidade	Nosocomial
Abdominal	Piperacilina-tazobactam 4,5g 8/8h	Cefepime 1g 8/8h e Amicacina e Metronidazol 500mg 12/12h e Vancomicina ±Caspofungina[1]
Pele e partes moles[2]	Ampicilina-sulbactam 1,5g 6/6h e Vancomicina	Piperacilina-tazobactam 4,5g 8/8h e Vancomicina
Linha central	Vancomicina e Cefepime 1g 8/8h e Amicacina	Vancomicina e Cefepime 1g 8/8h e Amicacina
Neutropenia ANC≤500[3]	Vancomicina e Cefepime 1g 8/8h e Amicacina e Caspofungina	Vancomicina e Cefepime 1g 8/8h e Amicacina e Caspofungina
Pneumonia	Ceftriaxona 1g e Azitromicina 500mg e Vancomicina	Vancomicina e Cefepime 1g 8/8h e Amicacina
Urinária	Cefepime 1g 8/8h	Cefepime 1g 8/8h e Amicacina
Foco desconhecido	Piperacilina-tazobactam 4,5g 8/8h e Vancomicina	Cefepime 1g 8/8h e Amicacina e Metronidazol 500mg 12/12h e Vancomicina

1-Se suspeita de perfuração intestinal; 2-Adicionar clindamicina se suspeita de streptococcus A; 3-*Adicionar metronidazol 500mg 12/12h se suspeita de foco abdominal*

Arquivos relacionados

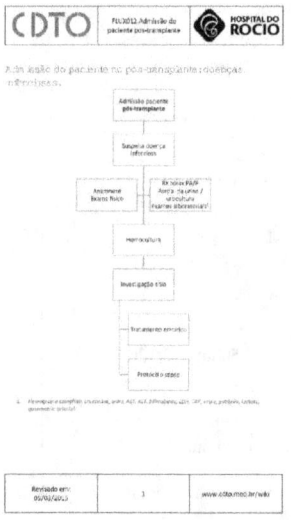

FLUX012.Admissão paciente pós-transplante - doenças infecciosas

Disponível na web

[1] http://1drv.ms/1Jn2LyWl

Disfunção tardia do enxerto

Rim

- Conferir: Fluxograma de abordagem.

Recomendações para biópsia do aloenxerto renal
Aumento persistente e não explicado da creatinina sérica[1].
Creatinina sérica não retorna ao nível basal após tratamento para rejeição aguda.
A cada 7-10 dias durante função retardada do enxerto.
Função esperada nos dois primeiros meses de transplante não é atingida.
Início recente de proteinúria[2].
Proteinúria não explicada.
1. Exclusão de desidratação, obstrução urinária, níveis elevados de inibidores de calcineurina, outras causas aparentes. Aumento de 25-50% nos níveis basais já merece atenção. 2. Taxa proteína/creatinina urina>1 ou proteinúria 24h >1g em 2 ocasiões.

Pâncreas

- Resultado final da agressão imunológica ao enxerto após episódios recorrentes e/ou graves de rejeição aguda.
- Clinicamente apresenta-se com aumento das taxas de hemoglobina glicada e diminuição dos níveis de peptídeo C circulante.

Fígado

- Conferir Fluxograma de abordagem

Diagnóstico diferencial
Rejeição aguda ou crônica
Recorrência hepatite C
Infecção CMV, EBV, adenovírus
Obstrução *outflow*
Estenose de artéria hepática
Reativação HBV
Complicações biliares
Hepatite autoimune *de novo*.
Hepatite células plasmáticas
Hepatotoxicidade por drogas
Esteatohepatite

Arquivos relacionados

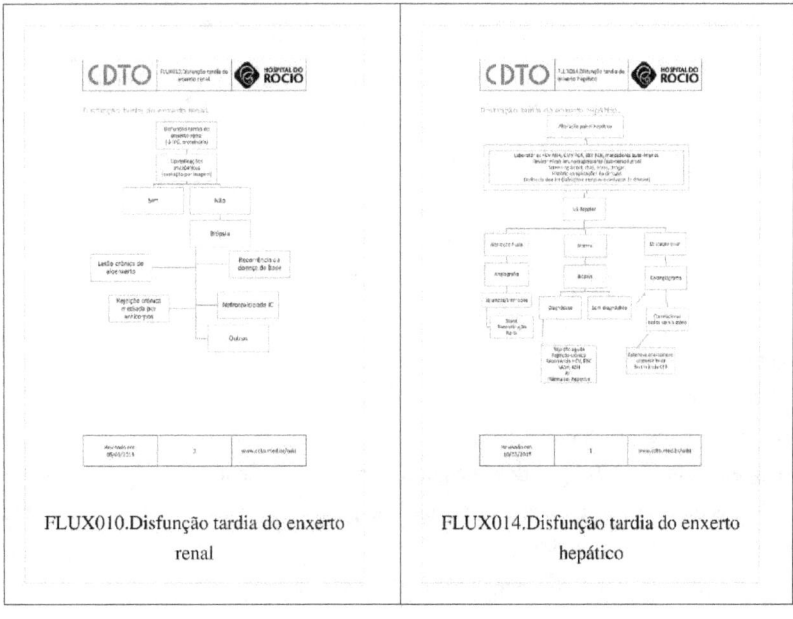

FLUX010.Disfunção tardia do enxerto renal

FLUX014.Disfunção tardia do enxerto hepático

Doenças infecciosas

Infecções causadas por bactérias

Infecção de sítio cirúrgico

- Classificação CDC:
  - Incisional superficial: envolve apenas epiderme, derme e tecido celular subcutâneo do local da incisão;
  - Incisional profunda: envolve os tecidos profundos, como a fáscia e a camada muscular;
  - Órgão/espaço: envolve órgãos ou espaços manipulados durante a cirurgia, mas não necessariamente a incisão.

Fatores de risco para infecção de sítio cirúrgico		
Obesidade	Diabetes	Rejeição aguda
Disfunção precoce do enxerto	Reoperação	Glomerulonefrite crônica
Fístula urinária	Linfocele	Uso de imunossupressores
Diálise	Uremia	

- Agentes etiológicos: bactérias gram-positivas. Em recidivas infecciosas prevalecem as gram negativas.
- Fluxograma de tratamento
- Profilaxia:
  - Fígado: ampicilina + sulbactam 3g IV peri-operatório, após 6/6h por 24 horas.
  - Rim: cefazolina 1g IV 6/6h por 24 horas.
  - Pâncreas-rim: ampicilina + sulbactam 3g IV peri-operatório, após 6/6h por 72 horas.

Infecção do trato urinário

Rim

- Profilaxia de infecção de trato urinário (ITU): trimethoprim-sulfamethoxazole por 6-12 meses. Alternativa é nitrofurantoína.
- Pielonefrite do enxerto = é sugerido início do tratamento em ambiente hospitalar.

Tuberculose

Rim

- Pacientes com PPD positivo ou história de tuberculose sem tratamento adequado são bons candidatos para quimioprofilaxia com isoniazida por 9 meses.
- Isoniazida 5mg/kg/dia (comprimidos 100mg), máximo 300mg.
- Uso da isoniazida geralmente exige aumento de 2-3x da dose dos inibidores de calcineurina para manutenção dos níveis séricos. Interfere níveis séricos dos mTORi também. Reposição de piridoxina (vit B6) 25mg/dia durante o uso da isoniazida para redução do risco de neurotoxicidade.
- Tratamento conforme diretrizes nacionais: III Diretrizes para Tuberculose da Sociedade Brasileira de Pneumologia e Tisiologia

Sífilis

- Doadores com VDRL positivo podem ser usados seguramente como doadores. Ideal seria confirmar VDRL positivo no doador com FTA-ABS IgG.
- No caso sorologia positiva do doador, receptor deve utilizar Penicilina G-Procaína 2.400.000UI IM/semana por 3 semanas.

Profilaxia para tratamentos dentários

- Amoxacilina 2g VO dose única, 1 hora antes do início do tratamento.
- Clindamicina 600mg VO dose única se contra-indicação à amoxacilina.

Infecções causadas por vírus

Citomegalovírus

Profilaxia

- Todos doadores são considerados positivos.
- Leucopenia e neutropenia são comuns com o uso de ganciclovir e valganciclovir.
- Ajustar para a função renal.

Fígado, pâncreas, rim

- Receptor negativo
  - Profilaxia antiviral: valganciclovir 900mg dia por 3-6 meses **ou** terapia preemptiva.
- Receptor positivo
  - Profilaxia antiviral: valganciclovir 900mg dia por 3 meses **ou** terapia preemptiva.
- **Terapia preemptiva:** monitorar PCR CMV ou antigenemia semanalmente 2-12 semanas pós-transplante. Se positivar (limite de detecção), tratar com ganciclovir até negativar e depois resumir monitorização semanal. Ganciclovir 5mg/kg IV 2x/dia por 14 dias.
- Ainda não está claro se profilaxia evita ou só retarda o aparecimento da doença (mais problemático R-).
- Aciclovir (3200mg/dia; 4cp de 800mg por 12 semanas) e valaciclovir (1g VO 8/8h por 12 semanas) pode ser utilizado nas situações de impossibilidade de uso do ganciclovir, valganciclovir.

Todos os órgãos no tratamento de rejeição

- Especialmente se agentes depletores de linfócitos em R-.
- Ganciclovir 5mg/kg IV/dia ou valganciclovir 900mg VO/dia.
- Duração 2-6 semanas.

Tratamento

- **Princípios:** reduzir imunossupressão, duração de tratamento individualizado, de preferência até 2 semanas após a negativação da viremia. Monitorização carga viral ou antigenemia semanalmente.
- Infecção/viremia assintomática: detecção de CMV sérico por PCR ou antigenemia, mas sem manifestações clínicas aprentes. Valganciclovir 900mg VO 2x/d ou ganciclovir 5mg/kg IV 12/12h.
- Síndrome CMV: definida por manifestações clínicas de febre, mialgias e supressão da medula óssea. Valganciclovir 900mg VO 2x/d ou ganciclovir 5mg/kg IV 12/12h.
- CMV invasor de tecidos, pneumonia, gastrointestinal, retinite, SNC: ganciclovir 5mg/kg IV 12/12h. Infecção pode estar compartimentalizada, ie, melhora da carga viral sérica pode não refletir extensão da doença.

Correção dose pelo clearance

- Terapia preemptiva e tratamento.

Clearance (mL/min)	Dose Ganciclovir(mg/kg IV)	Intervalo
>70	5	12
50-69	2,5	12
25-49	2,5	24
10-24	1,25	24
<10	1,25	3x/sem

- Droga é dialisável, sempre administrar após diálise. Se diálise peritoneal, corrigir o clearance para cálculo da dose reduzindo 10mL/min. Durante hemofiltração venovenosa contínua, administrar 2,5mg/kg/dose a cada 24 horas.

BK Polyoma vírus

Rim

- 90% casos ocorrem nos dois primeiros anos pós-transplante.
- Pode se apresentar com nefropatia, cistite hemorrágica ou estenose ureteral. Pode estar associada ou não a alteração de creatinina. Diagnóstico é histológico.
- Coleta exame para avaliação citológica (*decoy*): quantidades iguais de urina e álcool 70% são centrifugadas e enviadas para anatomia patológica.
- Não existe tratamento específico, diretrizes são a redução da dose da imunossupressão, reduzindo 50% dose dos inibidores de calcineurina e suspendendo os anti-metabólitos.

Epstein-Barr Vírus

- *Screening* da carga viral EBV por PCR é controversa na literatura. *Guidelines* KDIGO sugere acompanhamento durante o primeiro ano ou após tratamento de rejeição aguda. AST (EUA) não preconiza *screening* pelos *guidelines*.
- Atentar principalmente para receptores EBV negativos pré-transplante.
- Sugestão de uso de ganciclovir/aciclovir profilático para redução de risco de PTLD.

Herpes simplex vírus 1,2 e Varicella Zoster

Gravidade	Descrição	Tratamento	Duração
Herpes vírus simplex superficial	Limitada a pele ou superfícies mucosas, sem evidência de disseminação para órgãos viscerais.	Agente antiviral oral (acyclovir, valacyclovir, famciclovir)	Resolução das lesões.
Herpes simples vírus sistêmico	Doença envolvendo órgãos viscerais	Acyclovir IV + redução imunossupressão.	IV até resposta clínica, após, modificar para VO (acyclovir, valacyclovir, famciclovir) até completar tratamento (14-21 dias).
Varicella zoster primária	Doença em paciente imunologicamente virgem, *chickenpox*.	Acyclovir ou valacyclovir IV ou VO + redução temporária da imunossupressão.	Até cicatrização das lesões.
Herpes zoster não complicada (shingles)	Zoster cutâneo limitada a no máximo três dermátomos.	Acyclovir ou valacyclovir.	Até cicatrização das lesões.

Herpes zoster disseminada ou invasiva	Presença de zoster cutânea em mais de 3 dermátomos e/ou evidência de sistema orgânico.	Acyclovir IV + redução temporária da imunossupressão.	Até cicatrização das lesões.

- Se recorrência frequente de infecção pelo HSV 1,2 considerar acyclovir profilático.
- Se exposição a indivíduo com infecção pelo varicela zoster:
  - <96h da exposição: imunoglobulina do varicela zoster ou imunoglobulina IV;
  - >96h da exposição ou imunoglobulina não disponível: acyclovir oral por 7 dias

Hepatite C
- Rim
  - Infecção pelo HCV aumenta o risco de diversas complicações, incluindo piora da função hepática, NODAT e glomerulonefrite. Pacientes HCV positivos tem piores taxas de sobrevida do paciente e enxertos.
  - Tratamento hepatite C pós-transplante.
    - Interferon ocasiona risco de rejeição de 50%. Considerar tratamento se desenvolver glomerulonefrite pelo HCV. Risco vs benefício pode favorecer tratamento em pacientes selecionados.

Hepatite B
- Rim
  - Pré-transplante com anti-HbcIgG positivo e HbsAg negativo, realizar HBV-DNA para excluir infecção oculta.
  - Tratamento em conjunto com hepatologia.

Infecções causadas por fungos

Cândida

Rim
- Nistatina ou fluconazol por 1-3 meses como profilaxia após transplante.
- Nistatina ou fluconazol por 1 mês após tratamento de rejeição aguda (anti-linfocitário)

Fígado
- Pacientes de risco padrão:
  - Nistatina 100.000 UI/mL 6/6h VO.
- Pacientes de alto risco:
  - Re-transplante, insuficiência hepática aguda, insuficiência renal em diálise, cirurgia complicada, reoperações.
  - Fluconazol profilático por 7 dias ou até transferência para a enfermaria.

Criptococose

- Evitar locais altamente contaminados com fezes de pássaros ou criar pássaros em cativeiro.

Pneumocystis jirovecii

- Profilaxia por 3-6 meses com trimethoprim-sulfamethoxazole diário. Profilaxia 3x/semana também é eficaz. Entretanto, a dose diária providencia profilaxia de ITU e facilita aderência do paciente ao tratamento.
- Profilaxia por 6 semanas durante e após o tratamento de um evento de rejeição aguda.

Infecções causadas por protozoários

Toxoplasmose

- Profilaxia com sulfametaxazol+trimetropim nos IgG negativos.

Doença de Chagas

- Receptor de órgãos de órgãos soropositivos: benznidazol por 4-8 semanas.

Arquivos relacionados

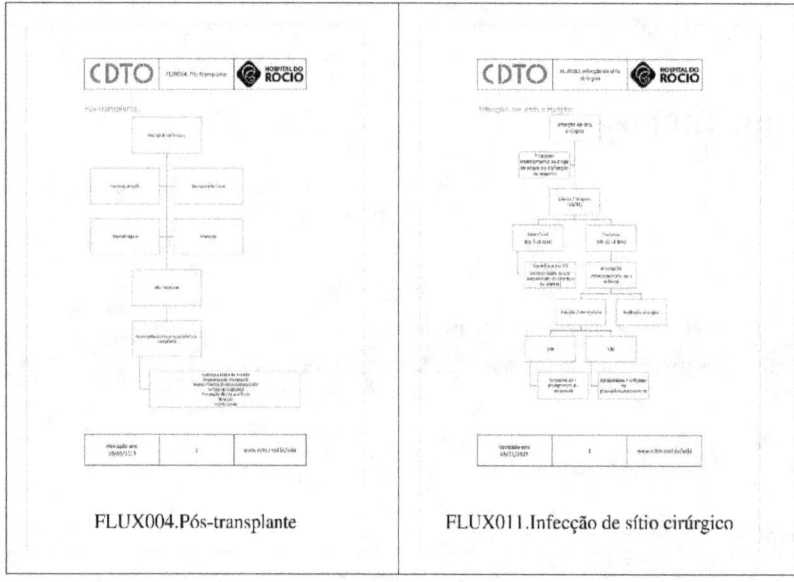

FLUX004.Pós-transplante FLUX011.Infecção de sítio cirúrgico

Vacinação

- Preferencialmente iniciar esquema vacinal na inclusão do paciente na lista de espera do transplante.
- Re-iniciar ou indicar o esquema vacinal 3-6 meses após o transplante, assim que imunossupressão estiver em seus níveis basais.
- Vacinação contra influenza anualmente durante as campanhas (já permitida até 30 dias após o transplante).
- Modelo de receituário para vacinação

Vacinas	Antes do transplante	Após o transplante
Influenza	Sim	Sim
DPT, DPTa	Sim	Sim
Pneumocócica	Sim	Sim
Hib	Sim, se <19 anos.	Sim, se <19 anos.
Pólio inativada (VIP)	Sim^1	Sim^1
Pólio oral (VOP - Sabin)	**Não**	**Não**
Hepatite A	Sim^2	Sim^2
Hepatite B	Sim	Sim
Varicela (*chickenpox*)	Sim^3	**Não**
BCG	**Não**	**Não**
Tríplice viral (SCR,MMR)	Sim^3	**Não**
Meningococo	Sim^4	Sim^4
Febre amarela	Sim^5	**Não**
Raiva	Sim^6	Sim^6

1-Apenas para indivíduos não vacinados previamente. 2-Indivíduos com sorologia negativa. 3-Se não houver outra comorbidade que contra-indique uso de vacina viva. 4- De acordo com órgão de saúde pública local.
5-Exposição a áreas endêmicas. 6-Em situações especiais de risco.Se pós transplante, associar imunoglobulina.

Vacinas	Conviventes domiciliar / familiar	Doador
Influenza	Sim1	Sim
DPT, DPTa	Sim1	Sim1
Pneumocócica	Não	Não
Hib	Sim, se <19 anos.	Sim, se <19 anos.
Pólio inativada (VIP)	Sim^2	Não
Pólio oral (VOP - Sabin)	Não	Sim^1
Hepatite A	Sim^3	Sim^3
Hepatite B	Sim^1	Sim
Varicela(*chickenpox*)	Sim, se suscetível	Sim, se suscetível
BCG	Sim^1	Sim^1

Tríplice viral (SCR,MMR)	Sim[1]	Sim[1]
Meningococo	Sim[4]	Sim[4]
Febre amarela	Sim[5]	Sim[5]
Raiva	Sim[6]	Sim[6]

1 - De acordo com o Programa Nacional de Imunizações (PNI). 2 - Apenas para indivíduos não vacinados previamente.
3 - Indivíduos com sorologia negativa. 4- De acordo com órgão de saúde pública local.
5- Exposição a áreas endêmicas. 6- Em situações especiais de risco.

- **Influenza:** 1 dose (0,5mL) IM. Reforço anual, meses que antecedem o inverno.
- **Tríplice celular/acelular (DPT/DPTa):** difteria, tétano, coqueluche. Uma dose (0,5mL) IM - 2/4/6 meses com reforço aos 15 meses. Na rede pública brasileira a vacina habitualmente utilizada é a tetravalente bacteriana (TETRA), que contém a tríplice celular(DPT)associada à vacina contra *Haemophilus influenza* tipo b (Hib). Se possível preferencialmente a acelular (somente em rede privada).
- **Pneumococo:** Pn23 - 01 dose, repetir cada 3-5 anos.
- *Haemophilus influenza* **do tipo b (Hib):** 0,5mL IM com reforço em 12-15 meses.
- **Vacina inativada da pólio (VIP):** 0,5ml IM, 3 doses com intervalos de 60 dias. Apenas para indivíduos não vacinados previamente. Indicada para crianças imunossuprimidas transplantadas de órgãos sólidos.
- **Vacina contra hepatite A:** 2 doses 0,5mL IM (0, 6 meses). Na doença hepática avançada, checar soroconversão (anti HAV IgG).
- **Vacina contra hepatite B:** dose convencional (20mcg) no esquema de 4 doses(0,1,2 e 6 meses)em pacientes na lista de espera não renais crônicos. Em renais crônicos pré-transplante ou pacientes pós-transplante pode-se utilizar esquema com dose duplicada (40mcg) no esquema de 4 doses (0,1,2 e 6 meses). Sempre checar soroconversão (anti HBs > 10). Caso não ocorrer soroconversão, repetir esquema mais uma vez.
- **Vacina contra varicela zóster:** 0,5mL SC 02 doses. No caso da necessidade de uso, aguardar 4 semanas para transplantar.
- **Tríplice viral (SCR - sarampo,rubéola,caxumba /** *MMR - mumps, measles, rubella*): em epidemias pode se considerar uso da vacina contra o sarampo no pós-transplante. No caso da necessidade de uso, aguardar 4 semanas para transplantar.
- **Meningococo:** meningococo C ou tetravalente (A,C,W,Y).
- **Vacina contra febre amarela:** no caso da necessidade de uso, aguardar 4 semanas para transplantar.

Outras vacinas contra-indicadas após o transplante
Varíola - *smallpox*
Influenza intranasal
Tifóide oral Ty21a
Vacina encefalite B japonesa
Rotavírus

Rotinas específicas

Manejo do cirrótico descompensado

Plano de tratamento:

1) Acesso venoso e hidratação.

2) Busca ativa das complicações mais comuns da doença:

- Encefalopatia hepática.

- Hemorragia digestiva alta.

- Peritonite bacteriana espontânea.

- Hepatocarcinoma.

3) Suspensão dos diuréticos e beta-bloqueador.

4) Solicitação dos seguintes exames laboratoriais: hemograma, creatinina, uréia, sódio, potássio, bilirrubinas, proteínas totais e frações.

5) Todos os pacientes com ascite clinicamente detectável, que internam com ascite de início recente ou descompensação de doença hepática devem ser submetidos a paracentese diagnóstica.

6) Condutas e exames adicionais conforme a etiologia da descompensação.

As seguintes informações devem constar da evolução de internamento (SOAP).

S(subjetivo): Etiologia cirrose hepática

História de descompensações prévias: encefalopatia hepática, hemorragia digestiva alta (HDA), ascite.

Medicações em uso, tratamentos já realizados.

O(objetivo): Estigmas de cirrose no exame físico.

Dados vitais.

Resultados dos exames realizados.

A(avaliação):

Classificação de CHILD (pontos) / Classificação de MELD

Diagnósticos já realizados

Breve avaliação do caso clínico

P(plano): Plano de tratamento a ser instituído.

Ascite

Avaliação e diagnóstico

- 85% cirrose, 15% outras causas.
- Exame físico: macicez móvel dos flancos: 83% sensibilidade e 56% de especificidade. Cerca de 1500ml de ascite para percepção da diferença na percussão.
- Realizar paracentese em todos os pacientes com ascite de início recente com análise de líquido ascítico.
- Não é recomendado transfusão de plasma ou plaquetas antes da paracentese.

Graduação da ascite - International ascites club.

Grau	Descrição
Grau 1	Ascite somente à US.
Grau 2	Ascite moderada, com distensão simétrica do abdome.
Grau 3	Ascite grande ou tensa com distensão abdominal evidente.

Análise do líquido ascítico

- Análise do líquido ascítico: serum-ascites albumin gradient (SAAG).
  - SAAG = albumina sérica - albumina do líquido ascítico.
- SAAG>1,1 = hipertensão portal com 97% de acurácia. Lembrar que ascite causada por hipertensão portal associada a uma segunda causa (cerca de 5% dos casos) também terão SAAG>1,1.

Exames de rotina: Contagem de células e diferencial, Albumina, Proteínas totais. **Exames opcionais:** Cultura em frascos de hemocultura, Glicose, LDH, Amilase, Coloração gram.

- Ascite complicada: febre, dor abdominal, encefalopatia inexplicada, acidose, azotemia, hipotensão, hipotermia.
- Caso:
  - Ascite não complicada: exames de rotina.
  - Ascite complicada: exames de rotina + exames opcionais.
- Na necessidade de cultura do líquido ascítico, inocular o líquido em um frasco de hemocultura à beira do leito, logo após a paracentese e antes da administração de antibióticos.
- Paciente com paracenteses seriadas, por ascite refratária, somente realizar contagem de células e diferencial.
- Níveis séricos de CA125 estão elevados em todos os pacientes com ascite.

Tratamento da ascite (causada por cirrose)

Primeiro passo: Restrição de sódio na dieta (2000mg/dia[88mmol/dia]). Restrição de sódio, não de líquido.

- Sódio urinário amostra aleatória: válido se 0mmol/L ou >100mmol/L; valores intermediários não ajudam pois há muita variabilidade na excreção de sódio durante o dia.
- Sódio urinário 24h: mais fidedigno. Para confirmar se a amostra enviada realmente se refere ao período de 24horas, dosar a creatinina urinária, que deve ser >15mg/kg/dia nos homens e <10mg/kg/dia nas mulheres. Menos creatinina reflete coleta incompleta.
- Objetivo é excreção de sódio>78mmol/dia.

Em amostra isolada de urina: sódio urinário>potássio urinário condiz com excreção urinária de sódio>78mmol/dia com 90% de acurácia.

- Restrição de fluido se sódio sérico<120-125 mmol/L.

Segundo passo: Diurético.
- Regime normal: espironolactona 100mg / furosemida 40mg; dose única pela manhã.
- Espironolactona como agente único: somente para pacientes com sobrecarga mínima de volume. Furosemida como agente único é menos eficaz que a espironolactona.
- Dose de ambos pode ser aumentada a cada 3-5 dias (manter relação 100:40). Se a perda de peso ou a natriurese estiverem inadequadas. Geralmente essa relação mantém a normocalemia. Usualmente a dose máxima é de 400mg/dia de espironolactona e 160mg/dia de furosemida.
- Amilorida (10-40mg/dia) pode substituir a espironolactona em pacientes com ginecomastia dolorosa.
- Objetivo: perda de 0,5kg/dia nos pacientes sem edema periférico e 1kg/dia nos pacientes com edema periférico.
- Restrição de sódio + regime diurético duplo é eficaz em mais de 90% dos casos.

Suspender diuréticos e buscar segunda linha de tratamento se encefalopatia não controlada ou recorrente, sódio sérico<120 mmol/L apesar de restrição de fluidos ou creatinina sérica>2mg/dl.

Manejo da ascite tensa.
- Paracentese de 5 litros pode ser realizada com segurança sem infusão de colóide.
- Paracentese de maior volume deve ser acompanhada de administração de albumina (8g/L de líquido removido)
- Paracentese não deve ser vista como forma de tratamento de ascite. Dieta e diuréticos são mais lentos porém mais eficazes.

Acompanhamento ambulatorial
- Controle do peso, sintomas ortostáticos, eletrólitos séricos, uréia e creatinina.

    Perda de peso inadequada com sódio/potássio urinário>1 ou sódio urinário em 24h>78mmol/L: significa que paciente não está obedecendo a restrição sódica da dieta. Não rotular esses pacientes como resistentes à diuréticos ou com ascite refratária.

    Perda de peso inadequada com sódio/potássio urinário<1 ou sódio urinário em 24h<78mmol/L: aumentar dose de diuréticos.

Ascite refratária
Definição: sobrecarga de volume que:
- não responde à dieta de restrição sódica e dose plena de diuréticos (400mg/dia espironolactona e 160mg/dia furosemida) ou
- recorre rapidamente após paracentese terapêutica.

- Evitar AINH, pois diminuem a excreção urinária de sódio.

- Quando considerar falha na terapia com diuréticos:
- Perda mínima ou ausência de perda de peso em conjunto com excreção adequada (>78mmol/dia) de sódio urinário apesar de diuréticos ou
- Desenvolvimento de complicações clinicamente significantes dos diuréticos (encefalopatia, creatinina sérica >2mg/dl, sódio sérico <120mmol/L ou potássio sérico >6mmol/L.)

- Ascite refratária é indicação de transplante hepático.

- Menos de 10% dos pacientes cirróticos com ascite são refratários à terapia médica padrão. A partir do momento que se tornam refratários, 21% morrem em 6 meses.

- Opções de tratamento em casos refratários:

- Paracenteses repetidas: não é necessário reposição de albumina para paracenteses menores que 4-5L. Para paracenteses maiores, considerar reposição de 6-8g de albumina por litro de ascite removida acima dos 5 litros.
- TIPS: pode ser considerado em pacientes selecionados.
- Shunt peritônio-venoso: Pode ser considerado em paciente não candidato a transplante, TIPS ou paracenteses repetidas.

Drogas a serem evitadas ou usadas com cuidado

- Inibidores da enzima da conversão da angiotensina: Alacepril, Benazepril, **Captopril**, Cilazapril, Delapril, **Enalapril**, Fosinopril, Imidapril, Lisinopril, Moexipril, Perindopril, Quinapril, Ramipril, Rentiapril, Spirapril, Temocapril, Trandolapril, Zofenopril.

- Antagonistas dos receptores da angiotensina II: Azilsartan, Candesartan, Eprosartan, Irbesartan, **Losartan**, Olmesartan, Tasosartan, Telmisartan, **Valsartan**.

-- Evitar pois induzem queda da pressão arterial média e podem precipitar falência renal. PAM<82mmHg reduz sobrevida.

- Propranolol em pacientes com ascite refratária: piora da hipotensão e azotemia.

- Inibidores da prostaglandina (AINEs): reduzem excreção urinária de sódio e podem induzir azotemia.

Peritonite bacteriana espontânea

A peritonite bacteriana espontânea é uma complicação grave e comum de pacientes cirróticos com ascite, caracterizada por infecção do fluído ascítico sem fonte intra-abdominal aparente.

Diagnóstico: contagem absoluta de células polimorfonucleares >250/mm3 de líquido ascítico. Enviar líquido ascítico para cultura. O líquido ascítico para cultura deve ser inoculado em frasco de hemocultura à beira do leito.

Clínica: espectro variável, de assintomático aos sinais clássicos de peritonite.

Peritonite bacteriana espontânea deve ser excluída em pacientes com cirrose admitidos no hospital com ascite, pacientes ambulatoriais submetidos a paracenteses de grande volume e pacientes hospitalizados que desenvolvem sinais e/ou sintomas sugestivos de infecção peritonela ou sistêmica (dor abdominal, sinais de irritação peritoneal, febre, íleo, leucocitose, choque).

Tratamento:

Primeira escolha: cefotaxima 2g IV 12/12h;

Segunda escolha: ceftriaxona 1g IV 24h;

Terceira escolha: ciprofloxacina 400mg IV 12/12h;

O tratamento deve se estender até a resolução dos sintomas ou diminuição da contagem dos polimorfonucleares do líquido ascítico para menos de 250/mm3, sendo geralmente eficaz em até sete dias.

Umas das complicações da peritonite bacteriana espontânea é o desenvolvimento de síndrome hepatorrenal, que pode ser prevenida com a administração de albumina em conjunto com a terapia antibiótica, nos pacientes candidatos a transplante hepático. Posologia: dose única de 1,5g/kg no diagnóstico e 1g/kg após 48 horas.

Após a resolução da infecção, iniciar profilaxia a longo prazo com norfloxacino 400mg/dia. Realizar profilaxia de longo prazo em pacientes com albumina do líquido ascítico <1,5g/dl.

Uma vez diagnosticada, prover profilaxia eterna.

Hemorragia digestiva alta varicosa

Definição
- Decorrente de sangramento por varizes esofágicas, varizes ectópicas ou gastropatia da hipertensão portal.
- Mortalidade 20-30%.
- Precipita outras complicações: encefalopatia hepática, infecções, disfunção renal e síndrome hepatorenal.

Condutas iniciais
1. Jejum
2. O2 sob cateter (2l/min)
3. Considerar assegurar via aérea parra hematêmese maciça e/ou encefalopatia grau III-IV.
4. Acesso venoso periférico calibroso (x2)
5. Intervenção farmacológica
6. Reanimação volêmica (500-1000ml SF0,9%) na dependência do estado hemodinâmico.
7. Reserva 4U papa hemácia.
8. Sondagem vesical.
9. EDA preferencialmente nas primeiras 12 horas.
10. Laboratório: hemograma com plaquetas, TAP, KPTT e tipagem sanguínea, creatinina, sódio, potássio, bilirrubinas, proteínas totais e frações, AST, ALT.

Intervenção farmacológica
- Octreotide 0,1 mg/ml (1mg = 1000mcg; **ampola=100mcg/mL**)
    - Bolus de 50 a 100 mcg IV em 10 minutos, seguido de:
        - Infusão contínua de 25 a 50 mcg/ hora (sugestão: diluir 3 ampolas de 0,1 mg em 300 ml de SG 5% e fazer IV, em bomba de infusão contínua, a 30 ml/h por 5 dias).
- Terlipressina 1mg
    - Dose de acordo com o peso do paciente:
        - < 50 kg: 1mg IV de 4/4 horas por 24 horas
        - 50 a 70 kg: 1,5 mg IV de 4/4 horas por 24 horas
        - > 70 kg: 2 mg IV de 4/4 horas por 24 horas
        - Após, 1mg IV de 4/4 horas por mais 24 a 48 horas (máximo de 5 dias).
    - Terlipressina não deve ser empregada em pacientes em uso de propofol.

Condutas complementares
- Considerar propranolol **no quarto dia** para reduzir freqüência cardíaca em 25%, salvo contra-indicações.
- Profilaxia de infecções: norfloxacino 400mg VO ou SNG 12/12h por 7 dias. Alternativa: ciprofloxacino 400mg IV 12/12h; ceftriaxona 1g IV/dia.
- Rastreamento de infecções: hemocultura, urocultura, parcial de urina, SAAG (gradiente albumina soro-ascite), cultura líquido ascético, RX tórax.

Instabilidade hemodinâmica

- PAS<90 mmHg por 30-60 minutos mesmo com reposição volêmica ou falência de controle de sangramento (Critérios de Baveno II a III), considerar colocação de balão de Sengstaken Blakemore.
- Avaliar globalmente o paciente para diagnóstico de instabilidade hemodinâmica: dados vitais, débito urinário, resposta ao tratamento inicial, história clínica.

Critérios de Baveno II-III
Falha de controle de sangramento em 6h
>4U papa hemácias
Falha em aumentas PAS>20mmHg do basal ou >70mmHg
Falha em reduzir FC em 20bpm do basal ou <100bpm.
Falha de controle de sangramento após 6h
Hematêmese
Redução >20mmHg em PAS após período de 6h
Aumento >20bpm em FC após período de 6h
Uso >2U de papa hemácias para manter VG>27% e Hb>9g/dL

Uso de Balão de Sengstaken Blakemore

- O paciente deve estar entubado e em ventilação mecânica
- Uso entre 24 e 48 horas
- Insuflados com ar, 120ml no balão gástrico e 60ml no esofágico (pressão intra esofágica máxima de 40 mmHg). A sonda deve ser fixada no nariz, para evitar seu deslocamento, sem aplicar tração contínua. A terceira via é utilizada para lavagem e aspiração do conteúdo gástrico.
- Contra-indicações relativas: estenose esofágica, ingestão cáustica recente, hérnia hiato grande, escleroterapia recente, insuficiência cardíaca congestiva.

Primeira Recidiva Hemorrágica

- Considerar nova endoscopia digestiva alta (considerar clínica do paciente, achados do primeiro exame e discussão com endoscopia).

Segunda Recidiva Hemorrágica

- Considerar TIPS
- Considerar cirurgia

Varizes esôfágicas

- **Profilaxia primária**
  - Sem varizes: repetir EDA a cada 2-3 anos; não necessita profilaxia.
  - Varizes pequeno calibre: repetir EDA a cada 1-2 anos; profilaxia com beta-bloqueador não seletivo em Child B e C ou se varizes com sinais vermelhos.
  - Varizes grosso calibre: repetir endoscopia cada 6-12 meses; profilaxia com beta-bloqueador não seletivo ou ligadura elástica.
- **Profilaxia secundária**
  - Endoscopia dentro de 12 horas do sangramento inicial, após a cada 3-4 semanas até erradicação com as ligaduras. Após reavaliação com EDA a cada 6 meses; profilaxia com beta-bloqueador não seletivo.
- Considerar TIPS para paciente que falharam na profilaxia de primeira linha, ou que não respondem a diminuição do gradiente pressão venosa hepática ou em alto risco de falha de tratamento (Child C ou Child B com sangramento ativo na endoscopia).
- Considerar esclerosante tecidual (histoacryl) para varizes gástricas.

Encefalopatia hepática

Diagnóstico:

- História clínica (sinais e sintomas de cirrose hepática associada à hipertensão portal, presença de distúrbios neurológicos e neuropsiquiátricos).

- Exclusão de outras causas.

- Graduação do estado mental (Escala de West Haven)

- **Diagnóstico diferencial:**

- Encefalopatias metabólicas: hipoglicemia, uremia, hipóxia, narcose por CO_2, cetoacidose.
- Encefalopatias tóxicas: alcoólica (intoxicação aguda, síndrome de abstinência, síndrome de Wenicke-Korsakoff), abuso de drogas psicotrópicas, intoxicação por salicilatos, intoxicação por metais pesados.
- Lesões intracranianas: hemorragia subaracnóide, subdural e intracerebral, infartos cerebrais, tumores cerebrais, abcessos cerebrais, meningite, encefalite, epilepsia, encefalopatia pós-ictal.
- Distúrbios neuropsiquiáticos (psicoses).

Graus de encefalopatia (Critérios de West Haven)

- Grau I - Mudanças de comportamento com modificações mínimas no nível de consciência (alteração do ritmo do sono, riso e choro "fácil", hálito hepático)
- Grau II - Desorientação grosseira, tontura, pode estar presente flapping, comportamento inadequado.
- Grau III - Confusão mental, dormindo maior parte do tempo, porém responde a estímulo verbal. Desorientação grosseira e agitação psicomotora, desaparecimento do flapping.
- Grau IV - Comatoso, não responde a dor, postura de decorticação ou decerebração.

Pode haver sobreposição, julgamento clínico é fundamental. *Baseado de Conn HO, Gastroenterology 1977.*

Fatores precipitantes

- Hemorragia digestiva alta
- Infecção
- Transgressão dietética / excesso de proteína na dieta.

Encefalopatia hepática

- Uso de BDZ ou psicotrópicos
- Insuficiência renal
- Distúrbios hidroeletrolíticos
- Hipovolemia
- Constipação
- Hipocalemia
- Alcalose metabólica

Tratamento

- Medidas gerais: suspender sedativos e diuréticos; corrigir distúrbios hidroeletrolíticos; tratar infecção subjacente; controlar sangramento gastrointestinal.

- Dieta hipercalórica (>1500 Kcal/dia) e normoproteica.

- Metronidazol 250mg VO 8/8h.

- Lactulose 30ml VO ou via SNE a cada 1h até presença de fezes líquidas. Após, manter lactulose 30ml a cada 6h até atingir 2-3 dejeções/dia. Alternativa é enema de lactulose (300mL de lactulsoe/1L de água) de cada 6-12h se íleo.

- Considerar LOLA (L-ornitina L-aspartato, Hepamerz®) IV ou VO 20g/dia (dose máxima 5g/h) seguido de dose oral de 3g 12/12h. Evitar em pacientes em insuficiência renal.

- Encefalopatia grau III e IV: intubação orotraqueal. Considerar monitorização de PIC se originada por insuficiência hepática aguda.

Arquivos relacionados

FLUX016.Encefalopatia hepática

Hepatocarcinoma

Diagnóstico

Critérios radiológicos de Barcelona

- Duas imagens coincidentes entre 4 técnicas (US com doppler ou contraste microbolhas, tomografia computadorizada, ressonância nuclear magnética e arteriografia) demonstrando lesão focal igual ou maior que 2 cm com hipervascularização arterial; ou
- Um único método de imagem trifásico (tomografia comuptadorizada helicoidal multislice, ressonância nuclear magnética, ultrassonografia com contraste de microbolhas) demonstrando lesão focal igual ou maior que 2cm com padrão hemodinâmico de hipervascularização arterial e depuração rápida do contraste na fase portal (washout); ou
- Critério combinado: um método de imagem demonstrando lesão focal igual ou maior que 2cm com hipervascularização arterial e níveis séricos de alfa-fetoproteína >200ng/mL.

Screening: US a cada 6 meses em pacientes cirróticos (Child A e B). Screening em pacientes Child C somente se tiverem indicação de transplante. Screening a cada 6 meses em pacientes com esteatohepatite não alcoólica.

Avaliação dos nódulos:

- nódulos<1cm: acompanhamento.

- nódulos 1-2cm: tentativa de histologia.

- nódulos >2cm: achados de 2 exames de imagem com hipervascularização arterial, ou um exame de imagem e alfa-fetoproteína>400ng/ml.

Estadiamento

Classificação CLIP

Tipo	Descrição	Pontuação
Child-Turcote-Pugh	A	0
	B	1
	C	2
Morfologia do tumor	Uninodular e extensão <50% do tumor	0
	Multinodular e extensão <50% do tumor	1
	Maciço e extensão >50% do tumor	2
Alfafetoproteína	<400 ng/ml	0
	>400 ng/ml	1
Invasão macrovascular	Não	0
	Sim	1

Classificação de Okuda

Variável	+	-
Tamanho do tumor	>50%	<50%
Ascite	Presente	Ausente
Albumina	<=30g/L	>30g/L
Bilirrubina	>=3mg%	<3mg%

Estadio 1: todos negativos.
Estadio 2: 1 ou 2 positivos.
Estadio 3: 3 ou 4 positivos.

Escala de performance (PST - World Health Organization)

0 - Completamente ativo, capaz de executar todas as atividades sem restrição.

1 - Atividade física restrita, ambulatorial, mas capaz de atividades diárias habituais e de natureza sedentária.

2 - Caráter ambulatorial e capaz de executar cuidados próprios, porém incapaz de atividades laborativas. Atividades em mais de 50% das horas acordadas.

3 - Somente capaz de cuidados próprios de maneira limitada, confinado à cama ou cadeira em mais de 50% do tempo acordado.

4 - Completamente desabilitado. Incapaz de cuidados próprios, totalmente confinado à cama ou cadeira.

5 - Morto.

TNM

Estadio I	T1	N0	M0
Estadio II	T2	N0	M0
Estadio IIIA	T3	N0	M0
Estadio IIIB	T4	N0	M0
Estadio IIIC	Tqquer	N1	M0
Estadio IV	Tqquer	Nqquer	M1

Definições de T

T1 - solitário sem invasão vascular

T2 - solitário com invasão vascular ou multinodular ≤5cm

T3 - multinodular >5cm ou tumor com invasão vascular maior

T4 - invasão de órgãos adjacentes

Estratificação e tratamento proposto por Barcelona

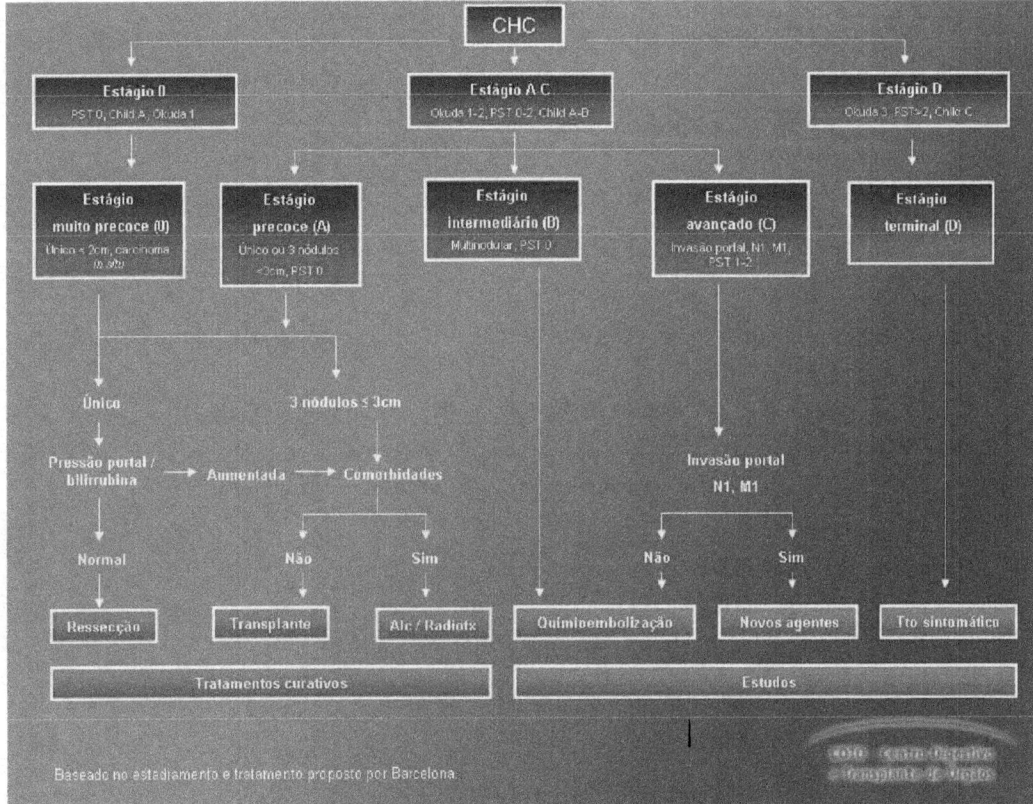

- Alcoolização: nódulos <3cm (resposta de 70% até 3cm e 100% até 2cm).
- Quimioembolização: Child A, analisar Child B e contra-indicar Child C. Repetir a cada 3-4 meses.
- Cirurgia: Child A, sem sinais de hipertensão portal.
- Transplante: 1 nódulo menor que 5cm ou três nódulos <3cm. Sem disseminação extra-hepática ou comprometimento linfonodal.

Protocolo de listagem: Sistema Nacional de Transplantes - Hepatocarcinoma.

Síndrome hepato-renal

Apresentação

Fase terminal das alterações funcionais renais em pacientes cirróticos com ascite.

Critérios para diagnóstico

- Falência hepática crônica avançada (cirrose) com hipertensão portal (ascite);
- Creatinina sérica >1,5mg/dL ou clearance creatinina em 24 horas <40ml/min;
- Ausência de choque, infecção ativa, tratamento recente com drogas nefrotóxicas, perdas gastrointestinais ou renais de grande volume;
- Sem melhora sustentada da função renal (queda da creatinina para <1,5g/dl) após 48 horas de suspensão de diurético e expansão de volume com albumina (dose recomendada de 1g/kg/dia até o máximo de 100g);
- Ausência de uropatia obstrutiva (US de abdome) ou doença parenquimatosa renal (menos de 500mg/dL de proteinúria em 24h ou <500 hemácias/campo).

-Tipo I: progressão rápida, quando ocorre a duplicação da creatinina sérica inicial para um nível maior que 2,5mg/dL ou redução de 50% do clearance de creatinina de 24 horas para um nível <20mL/min em menos de 2 semanas;

-Tipo II: progressão crônica, não progressiva rapidamente, resulta em ascite refratária. (creat >1,5mg sem fechar critério SHR do tipo 1)

Critérios diagnósticos (Clube Internacional da Ascite)
Cirrose com ascite
Creatinina >1,5mg/dL
Sem melhora da creatinina (<1,5mg/dL) após pelo menos dois dias de retirada dos diuréticos e expansão de volume com albumina (1g/kg/dia; máx 100g/dia)
Ausência de choque
Ausência de tratamento atual ou recente com drogas nefrotóxicas
Ausência de doença parenquimatosa renal,indicada por proteinúria>500mg/dia, microhematúria (>50 hemácias por campo) e/ou ultrassonografia anormal)

Tratamento

Para pacientes com hepato-renal do tipo I:

- **Opção 1:**
    - Midodrina (2,5-7,5mg VO 8/8h, aumento lento até 12,5-15mg VO 8/8h) **e**
    - Octreotide 100μg SC 8/8h, aumento lento até 200μg SC 8/8h **e**
    - Albumina 50-100g IV / dia
- **Opção 2:**
    - Noradrenalina (0,1-0,7μg/kg/minute) + albumina (50-100g IV/dia).
- **Opção 3:**
    - Terlipressina 0,5-1mg IV cada 4 horas ou IV contínuo (2-12mg/dia) + albumina 1g/kg no dia 1, depois 40g IV/dia.
    - Não ocorrendo resposta em 48h (queda de >25% da creatinina pré-tratamento), aumentar para 2mg IV 6/6h.
    - Manter até creatinina reduzir para 1,5mg/dl ou por um máximo de 14 dias.

- TIPS (excluir aqueles com história de encefalopatia, MELD>12 e bilirrubina >5mg/dl), o que vai excluir a maior parte dos pacientes com hepato-renal tipo 1. Sem evidências para hepato-renal tipo 2.
- Transplante hepático é o único tratamento definitivo.

Síndrome hepato-pulmonar

- *Screening*: Sat<95% ar ambiente, prosseguir inveasigação. Não há correção direta com a gravidade da cirrose. Questionar platipnéia (piora da dispnéia sentado em relação a posição deitado).
- Diagnóstico diferencial: DPOC, embolia pulmonar recorrente, hipertensão porto-pulmonar.

Arquivos relacionados

FLUX018.Síndrome hepatopulmonar

Hipertensão porto-pulmonar

- 2-12,5% dos pacientes em lista de espera para transplante.
- *Screening*: ecocardiografia. **Caso pressão sistólica de ventrículo direito>30mmHg ou sinais de disfunção de VD, indicar cateterismo cardíaco.**
- SatO2 geralmente normal.
- Classificação de gravidade (ainda não padronizada):
  - Doença leve: MPAP<35mmHg
  - Doença moderada: MPAP>35mmHg (mortalidade 50%)
  - Doença grave: MPAP>50mmHg (mortalidade 100%)
- Tratamento ainda não é padronizado na literatura.

Quimioembolização

Procedimento

A quimioembolização trans-arterial é uma das alternativas terapêuticas do hepatocarcinoma.

- Indicação: Estágio B e C do algoritmo de tratamento proposto por Barcelona, assim como hepatocarcinoma não candidato a tratamento cirúrgico ou ablativo (alcoolização/radiofrequência).
- Preenchimento do protocolo de quimioembolização. Anexar cópia do(s) laudo(s) do exame de imagem e/ou laboratoriais. A cópia digital do exame de RNM (dvd) deve ser arquivada para análise da resposta terapêutica conforme protocolo RECIST modificado para HCC (registro da redução do tumor viável, não considerando tecido necrosado).
- * Após o procedimento: jejum e hidratação por 24 horas. Antibiótico profilaxia com ceftriaxona 2g e metronidazol 1,5g dose única. Alta no segundo dia pós-procedimento. Na alta, agendar retorno ambulatorial.
- O programa de tratamento envolve sessões de quimioembolização a **cada 12 semanas**.

Não funcionamento primário do enxerto

- Forma extrema da lesão de reperfusão. Função do enxerto insuficiente para manutenção da vida, resultando em óbito ou re-transplante na primeira semana de pós-operatório.
- Diagnóstico é realizado nas primeiras 24-72 horas do transplante, baseado em uma combinação de alterações clínicas e laboratoriais, após a exclusão de causas secundárias de falência como tromboses vasculares e compressão.

Características clínicas	Características laboratoriais	Características de imagem
Choque / hipotensão	Alargamento TAP	Objetivo primário do exame de imagem é descartar causas secundárias de disfunção do enxerto
Paciente não desperta da anestesia	Transaminases elevadas (≥1000U/dL)	US demonstrando fluxo adequado arterial e venoso, outflow livre.
Coagulopatia	Acidose	Ausência de grandes coleções de fluido, resultando em síndrome compartimental abdominal
-	Elevação LDH e enzimas colestáticas	Ausência de falência de VD na ecocardiografia
-	Hipoglicemia	-

Profilaxia de re-infecção do vírus B pós-transplante hepático

Critérios de inclusão

- doença hepática terminal por hepatite crônica pelo vírus B, ou seja, com HBsAg (+);
- hepatite fulminante por vírus B, ou seja, hepatite fulminante com anti-HBc IgM (+).

Critérios de exclusão

- portadores de cirrose por vírus B com duas quantificações consecutivas do DNA-HBV (com intervalo mínimo de três meses), em uso de lamivudina, com mais 100.000 cópias/ml;
- portadores de HIV, pela indução de resistência do HIV à lamivudina, quando expostos a esse medicamento nas doses preconizadas neste protocolo;
- pacientes com menos de 12 anos, pois não existem estudos sobre segurança e eficácia de imunoglobulina da hepatite B e lamivudina em pediatria. Sugere-se que, nessa faixa etária, as decisões de uso sejam tomadas caso a caso pelo Centro de Transplante e pelos Gestores Estaduais;
- pacientes com hipersensibilidade conhecida a qualquer um dos componentes da fórmula da lamivudina;
- pacientes com hipersensibilidade conhecida a imunoglobulina da hepatite B ou a qualquer componente de sua fórmula, com alergia a gama-globulina ou com anticorpos anti-imunoglobulina, com alergia a timerosal e com deficiência de IgA38-39.

Tratamento Fármacos

- Lamivudina: comprimidos de 100 mg;
- Imunoglobulina da hepatite B: frascos ampolas com 100, 500, 600, 1000 e 2000 UI.

Esquema de administração

- Lamivudina: comprimidos de 100 mg, administrados por via oral, não devendo ser utilizados por mais de 6 meses antes do transplante (idealmente 4 semanas). No pós-operatório imediato, assim que a via oral estiver disponível, administrar lamivudina na dose de 100 mg/dia (uso contínuo, para o resto da vida). A dose deve ser ajustada conforme a função renal do paciente.

- Imunoglobulina da hepatite B: recomenda-se a administração intramuscular de 800 UI de imunoglobulina da hepatite B no primeiro dia pós-operatório, seguida de 800 UI por via intramuscular, por dia, durante 7 dias. A seguir, a administração será semanal dessa mesma dose até a alta do paciente. Posteriormente, a periodicidade será mensal. Deverá ser dosado o título de anti-HBs mensalmente, antes de cada dose. Estando o título do anticorpo acima de 100 mUI/ml39, deve-se aplicar 400 UI de imunoglobulina da hepatite B; se o título do anticorpo estiver abaixo de 100 mUI/ ml, a dose deverá ser de 800 UI. Após três aplicações mensais consecutivas da mesma dose, esta dose pode ser utilizada nos meses subseqüentes sem a necessidade de novas dosagens de anti-HBs, sendo recomendada monitorização do anti-HBs a cada 6 meses para verificar a necessidade de ajuste da dose.

Fígado dividido

Seleção do doador

Conforme protocolo de Doador em morte encefálica.

Estimativa do volume necessário

Primeiro passo: Estimar o volume de fígado do doador.

- Peso do fígado: 2,5% do peso no adulto.
- Segmento lateral esquerdo: 20% do fígado (varia 15-35%)

Segundo passo: estimar o volume necessário ao receptor.

- Lado direito: GRBW>1% na maioria dos casos se peso do doador = peso receptor.
- Lado esquerdo: GRBW>1% na maioria dos casos se peso doador >2x o peso do receptor.

Seleção do receptor

- Receptor lado direito, respeitando-se peso doador maior ou igual ao do receptor receberá um GRBW>1%, suficiente para as necessidades metabólicas a despeito do estado clínico.

- Receptor do lado esquerdo, com GRBW esperado entre 0,8-1%, deverá possuir quadro clínico estável, bem compensado.**<60kg ideal.**

Princípios (não objetivos)

- Dissecção mínima da placa hilar para evitar devascularização biliar.
- Divisão *In situ* para diminuir tempo de isquemia
- GRBW>1, principalmente para o receptor do fígado esquerdo
- Critérios de seleção restritos de receptores e doadores, com alocação precisa em relação ao peso e sexo.

Técnica - *"in situ - full right, full left"*

Preconizada por Belghiti, modificada de Rogiers.

1) Mobilização do segmento lateral esquerdo (II e III), secção e ligadura do ligamento de Arantius.

2) Controle extra-parenquimatoso do tronco da veia hepática média e esquerda.

3) Controle da origem da artéria hepática direita e esquerda.

4) Controle da origem da veia porta esquerda e direita.

5) Abaixamento da placa hilar.

6) Demarcação da linha de Cantlie.

7) Transecção do parênquima (plano vertical).

8) Ramos de drenagem do VIII e do V para a veia hepática média (VHM), se >5mm devem ser seccionados e preservados de tal maneira que permitam a reconstrução em cirurgia de mesa.

9) Quando o plano de secção ultrapassar a altura da VHM, mudar o plano de secção de vertical para horizontal, em direção ao ligamento de Arantius.

10) Perfusão.

11) Fígado direito e veia cava retro-hepática não são mobilizados durante a captação.

12) Retirada e armazenamento do fígado.

Cirurgia de mesa.

1) Secção do tronco da veia hepática média e esquerda da veia cava inferior. Atentar para comprimento adequado do tronco para implante.

2) Secção da veia porta esquerda.

3) Secção da artéria hepática direita.

4) Colangiografia, probe na via biliar, corte da placa hilar na altura da bifurcação.

5) Fígado esquerdo: artéria até o tronco celíaco; via biliar e veia porta somente até bifurcação.

6) Fígado direito: via biliar até o colédoco, artéria somente até bifurcação, veia porta até o tronco comum.

7) Veia cava inferior fica com o fígado direito. Se ramos de drenagem do VIII e V maiores que 5mm, reconstrução da drenagem à veia cava inferior.

8) Cirurgia de mesa do fígado esquerdo fica pronta antes do direito.

9) Teste da área cruenta. Pontos sob visão direita. Teste azul de metileno. Cola biológica.

Lesão crônica do aloenxerto

Rim

- Definição: diagnóstico de exclusão caracterizada por perda progressiva da função renal não decorrente da recorrência da doença base ou outras causas reconhecidas. Definida histologicamente por fibrose intersticial e atrofia tubular.
- Recomendada biópsia para todos os pacientes com declínio progressivo da função renal de causa não evidente, para detecção de causa potencialmente reversível.
- Se evidência histológica de toxicidade pelos inibidores de calcineurina, sugere-se reduzir, retirar ou substituir o medicamento.
- Se eGFR>40mL/min/1.73m2 e excreção proteica urinária total<500mg/g creatinina (ou equivalente por outras aferiçoes), considerar substituir CNI por mTORi.

Osteopenia

- Incidência:
    - 41% em cirrose biliar primária.
    - 32% em colangite esclerosante primária
    - 28% em vírus C cônico
    - 18-23% em álcool
- Screening de densidade mineral óssea é recomendada para todos os candidatos a transplante hepático no momento da avaliação e após a cada 2 anos.
- Workup: densitometria óssea. Excluir hipotireoidismo, distúrbios do metabolismo do cálcio e da vitamina D.

Arquivos relacionados

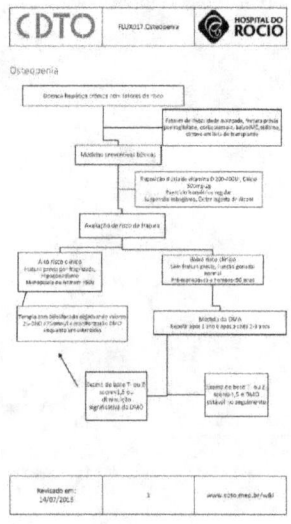

FLUX017.Osteopenia

Hipertensão arterial sistêmica

- \>140/90mmHg
- PA alvo <130/80mmHg
  - Transplante renal
    - Não há classe preferencial de anti-hipertensivos para uso, fora as particularidades específicas de cada classe de acordo com as comorbidades dos pacientes. Inibidores da enzima conversora de angiotensina (iECA/BRA) são a primeira escolha se proteinúrico (>1g/dia).
    - Maioria dos pacientes necessitarão terapia combinada, devendo a maioria das combinações conter um tiazídico, a não ser se contra-indicado.
    - Se aumento de 30% da creatinina basal após iniciar iECA ou hipertensão de difícil controle, suspeitar de estenose da artéria renal ou da ilíaca proximal.
    - É sempre esperado uma queda na TFG de 10-20% após início de iECA/BRA, por esse motivo considerar início dessas medicações após os 2-3 primeiros meses pós-transplante pode auxiliar no diagnóstico diferencial de rejeição aguda durante esse período. No pós-transplante precoce, o uso de bloqueadores de canal de cálcio dihydropyridine (ex. nifedipina de liberação prolongada e anlodipino) são as drogas de mais fácil manejo (não reduzem TFG e atenuam efeitos vasoespásticos dos IC). Bloqueadores de canal de cálcio não-dihydropyridine (diltiazem e verapamil) aumentam a exposição dos CNI e m-TORi.

Vantagens e desvantagens dos agentes farmacológicos

Agent class	Agente farmacológico	Advantages	Disadvantages
Thiazide diuretics		CHF with systolic difunction Hig CAD risk Recurrent stroke prevention Hyperkalemia Edema	Hypomagnesemia Hyperuricemia Hyponatremia Dyslipidemias Glucose intolerance
Aldosterone antagonists		CHF with systolic dysfunction Post MI	Hyperkalemia
Beta-blockers		CHF with systolic disfuntcion[a] Chronic stable angina Post MI High CAD risk Supraventricular tachycardia	Hyperkalemia Dyslipidemias Glucose intolerance
Angiotensin-converting enzyme inhibitor[c]		CHF with systolic dysfunction Post MI High CAD risk Recurrent stroke prevention Reduce proteinuria Polycythemia	Hyperkalemia Anemia

Calcium channel blockers		Chronic stable angina High CAD risk Supraventricular tachycardia Increased CNI levels (allowing reduction in dose and cost)[b]	Edema Increased cni levels[b] Reduced kidney function

ARB (angiotensin II receptor blocker; CAD, coronary artery disease; CHF, congestive heart failure; CNI, calcineurin inhibitor; KTRS, kidney transplant recipientes; MI, myocardial infarction.

a. Carvedilol, bisoprolol, metoprolol succinate.

b. Nindihydropyridine calcium channel blockers.

c. ARBs may hav similar effects as ACE-Is and may be used in patintes who do not tolerate ACE-Is.

Diabete melito

- Alvo: glicemia jejum 90-130mg/dL; Hb glicada <7-7,5%

Classe	Droga	Nome comercial	Ajuste de dose	Interação
Sulfonilurea 1ª geração	Acetohexamida		Evitar	↑[CSA]
	Chlorpropamide		↓50% se GFR 50-70ml/min/1,73m² evitar se GFR<50ml/min/1,73m²	↑[CSA]
	Tolazamide		Evitar	↑[CSA]
	Tolbutamide		Utilizar com cuidado	↑[CSA]
Sulfonilurea 2ª geração	Glipizide		Sem ajuste de dose	↑[CSA]
	Gliclazide		Sem ajuste de dose	↑[CSA]
	Glyburide (glibenclamide)		Evitar se GFR<50ml/min/1,73m²	↑[CSA]
	Glimepiride		Iniciar 1mg/dia	↑[CSA]
	Gliquidone		Sem ajuste de dose	
	Glisentide		Evitar se DRT avançada (grau4-5)	
Inibidores da alfa-glucosidade	Acarbose		Evitar se creatinina sérica>2mg/dL	
	Miglitol		Evitar se GFR<25 ml/min/1,73m²	
Biguanidas	Phenformin		Contra-indicado	
	Metformin		Contra-indicado se creatinina sérica>1,5mg/dL em homens e <1,4mg/dL em mulheres.	
Meglitinides	Repaglinide		Iniciar com 0,5mg nas refeições se GFR<40 ml/min/1,73m² e tatear cuidadosamente.	↑[repaglinide] com ciclosporina
	Nateglinide		Utilizar com cuidado se DRT avançada (grau 4-5).	
Thiazolidinediones	Pioglitazone		Sem ajuste de dose	
	Rosiglitazone		Sem ajuste de dose	
Incretin mimetic	Exenatide		Evitar se GFR<30ml/min/1,73m²	
Amylin analog	Pramlintide		Sem ajuste de dose se GFR>2-ml/min/1,73m²	

DDP-4 inhibitor	Sitagliptin		↓50% se GFR 30-50ml/min/1,73m² ↓75% se GFR<30 ml/min/1,73m²	
	Vildagliptine		Evitar se CKD avançado em hemodiálise.	

Sobrevida e resultados

O transplante de órgãos é um tratamento de longa durabilidade e efetivo, infelizmente limitado pela oferta de órgãos, sendo um exemplo típico da "vítima do próprio sucesso". Seus bons resultados acabam aumentando a demanda pelo procedimento, crescimento que em nenhum país é acompanhado proporcionalmente pela quantidade de órgãos disponíveis.

Essa limitação de oferta de órgãos impõe racionalidade ao uso desse escasso e valioso recurso, exigindo a maximização de resultados. A quantidade de recursos humanos e financeiros investidos em todo o sistema de doação-transplante resulta em um imperativo moral de máxima eficiência. Esse objetivo somente pode ser atingido com contínuo aprendizado, estudo, adoção de rotinas, comprometimento e da análise estatística contínua dos dados gerados como resultado do serviço prestado.

Seguindo esse pensamento, semanalmente a equipe discute a análise dos dados gerados pelo protocolo desenvolvido através do uso do software de epidemiologia e estatística do Centro de Controle de Doenças (CDC), o Epiinfo©, o que permite aperfeiçoamento dos processos de qualidade e publicações científicas.

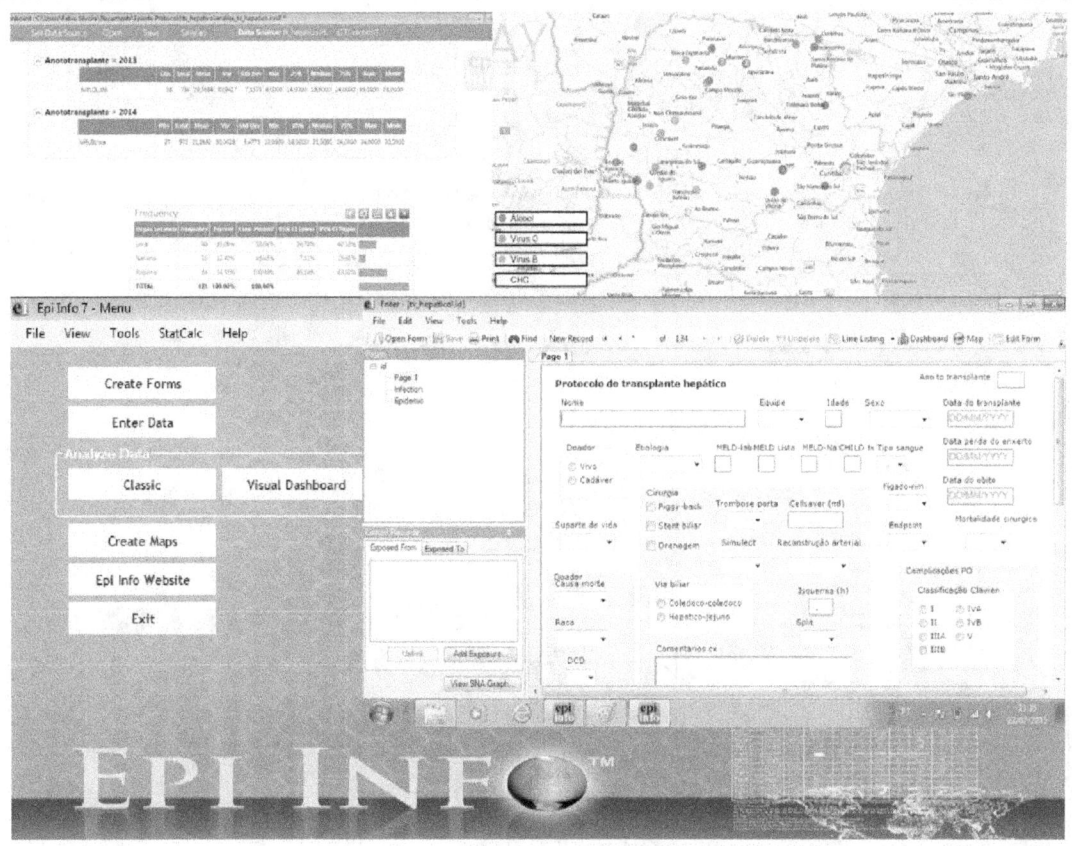

Adendos

Consentimento informado

Transplante

Termos de consentimento para cirurgia de transplante.

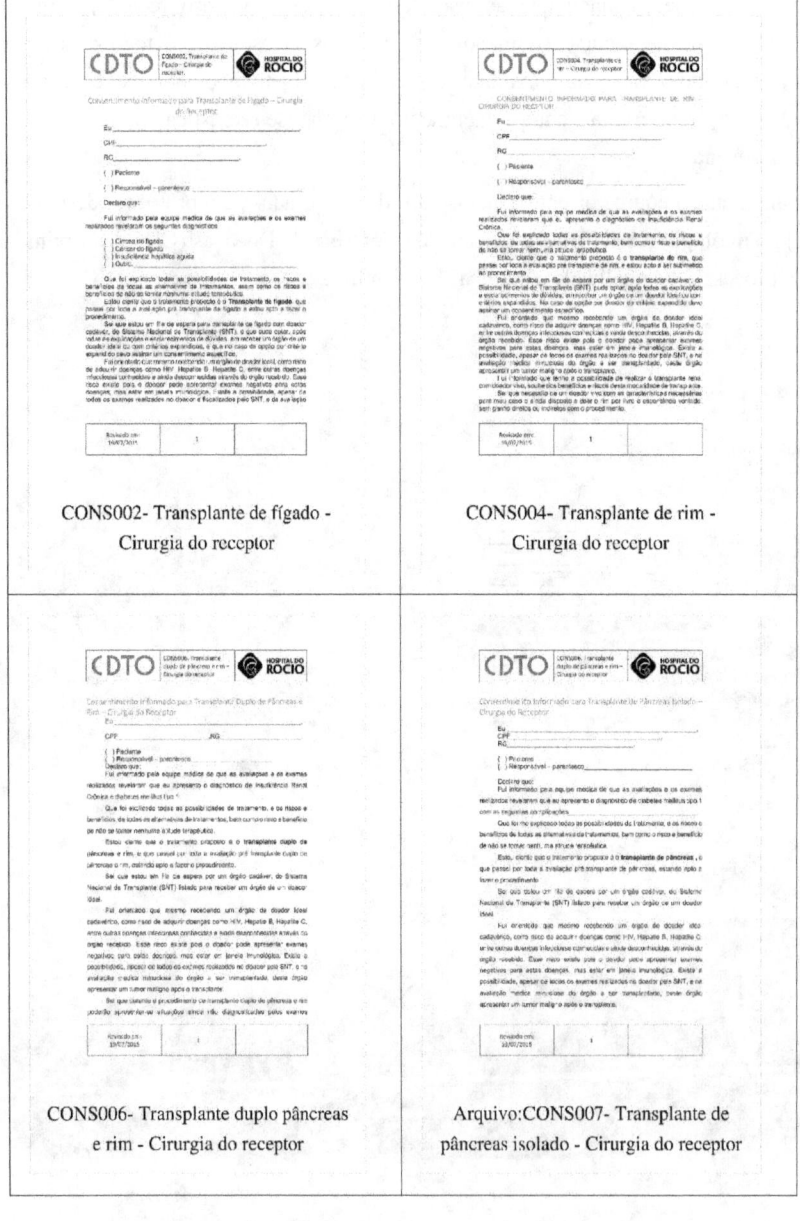

CONS002- Transplante de fígado - Cirurgia do receptor

CONS004- Transplante de rim - Cirurgia do receptor

CONS006- Transplante duplo pâncreas e rim - Cirurgia do receptor

Arquivo:CONS007- Transplante de pâncreas isolado - Cirurgia do receptor

Termo de consentimento para utilização de doadores com critérios expandidos.

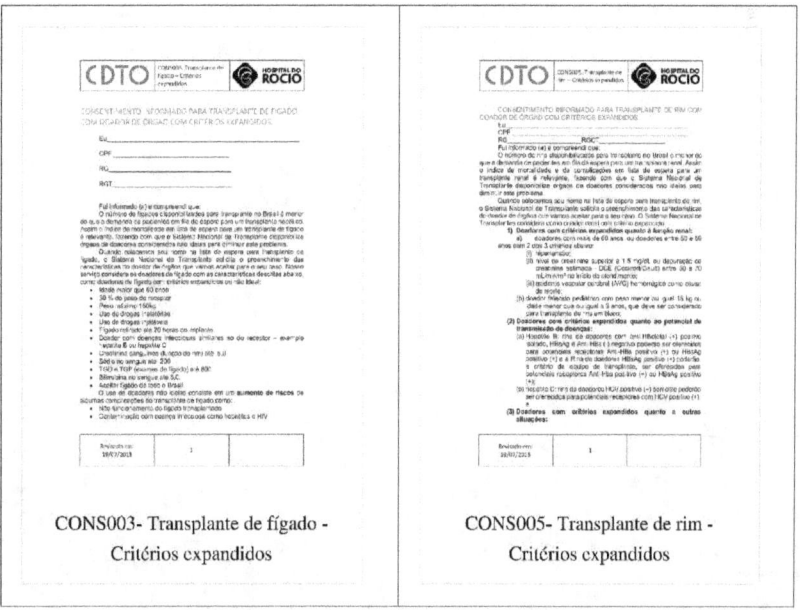

CONS003- Transplante de fígado - Critérios expandidos

CONS005- Transplante de rim - Critérios expandidos

Termo de consentimento para cirurgia de doador vivo.

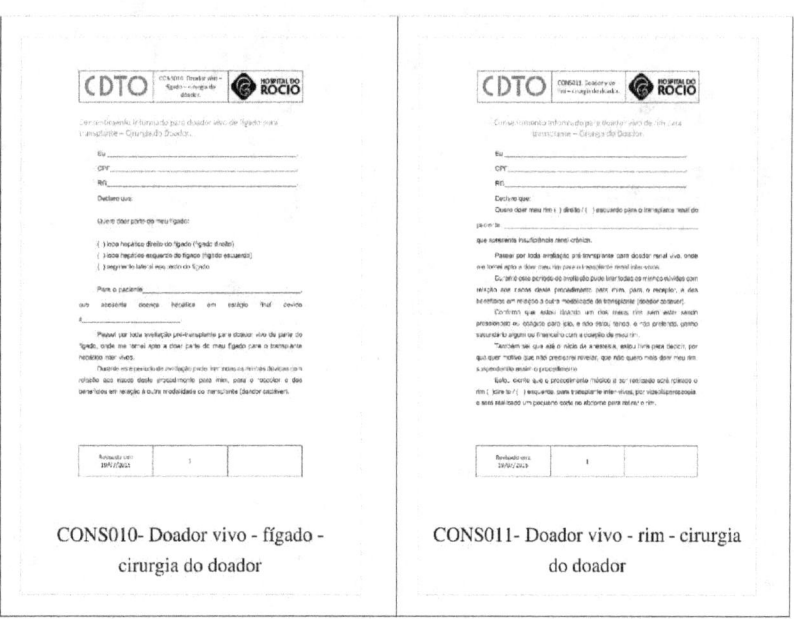

CONS010- Doador vivo - fígado - cirurgia do doador

CONS011- Doador vivo - rim - cirurgia do doador

Termo de consentimento de aderência ao programa de transplantes.

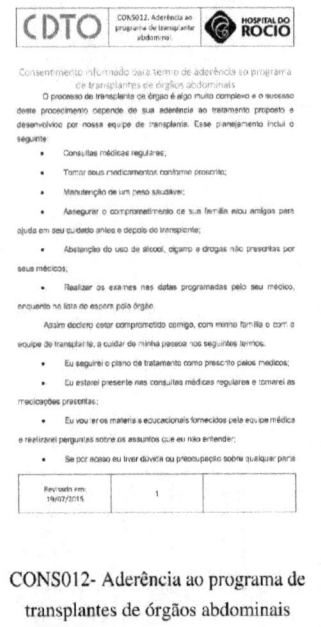

CONS012- Aderência ao programa de transplantes de órgãos abdominais

Termo de consentimento para realização do protocolo pré-transplante.

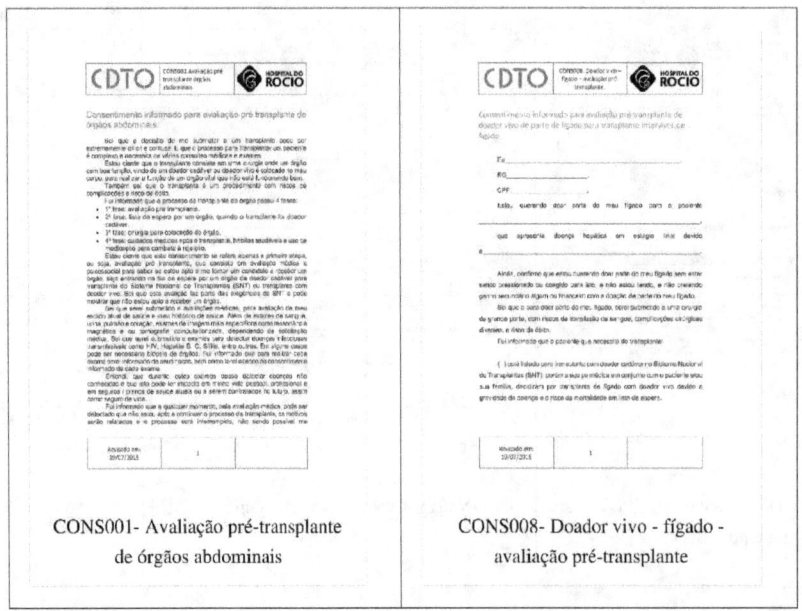

CONS001- Avaliação pré-transplante de órgãos abdominais

CONS008- Doador vivo - fígado - avaliação pré-transplante

CONS009- Doador vivo - rim - avaliação pré-transplante

Arquivos relacionados

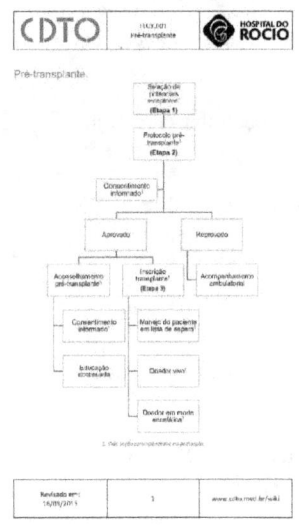

FLUX001.Pré-transplante

Referências bibliográficas

1. Ahmad J, Friedman SL, Dancygier H. Mount Sinai expert guides. Hepatology. Chichester, West Sussex, UK: John Wiley & Sons Ltd; 2014. p. p.

2. Ahmed A, Keeffe EB. Current indications and contraindications for liver transplantation. Clin Liver Dis. 2007;11(2):227-47.

3. Al-Khafaji A. ICU care of abdominal organ transplant patients. Oxford: Oxford University Press; 2013. xvii, 274 p. p.

4. Asrani SK, Kim WR. Model for end-stage liver disease: end of the first decade. Clin Liver Dis. 2011;15(4):685-98.

5. Baker RJ, Alan. How do the KDIGO Clinical Practice Guidelines on the Care of Kidney Transplant Recipients apply to the UK? 2010 [cited 2015 02/08/2015]. Available from: http://www.renal.org/docs/default-source/guidelines-resources/kdigo/Implementation_of_the_KDIGO_guideline_on_the_management_of_the_kidney_transplant_recipient_in_the_UK_2010.pdf?sfvrsn=2.

6. Bernal W, Auzinger G, Sizer E, Wendon J. Intensive care management of acute liver failure. Semin Liver Dis. 2008;28(2):188-200.

7. Bia M, Adey DB, Bloom RD, Chan L, Kulkarni S, Tomlanovich S. KDOQI US commentary on the 2009 KDIGO clinical practice guideline for the care of kidney transplant recipients. Am J Kidney Dis. 2010;56(2):189-218.

8. Brown RS. Common liver diseases and transplantation: an algorithmic approach to work-up and management. Available from: http://site.ebrary.com/lib/yale/Doc?id=10801940.

9. Bruix J, Sherman M, American Association for the Study of Liver D. Management of hepatocellular carcinoma: an update. Hepatology. 2011;53(3):1020-2.

10. Buchanan C, Tran TT. Current status of liver transplantation for hepatitis B virus. Clin Liver Dis. 2011;15(4):753-64.

11. Busuttil RW, Klintmalm GB. Transplantation of the liver. 2nd ed. Philadelphia: Elsevier Saunders; 2005. xxx, 1485 p. p.

12. Busuttil RW, Klintmalm GB. Transplantation of the liver. Third edition. ed. Philadelphia, PA: Elsevier Saunders; 2015. pages p.

13. Clavien P-A, Trotter JF. Medical care of the liver transplant patient. 4th ed. Chichester, West Sussex, UK: Wiley-Blackwell; 2012. p. p.

14. Del Pozo AC, Lopez P. Management of hepatocellular carcinoma. Clin Liver Dis. 2007;11(2):305-21.

15. DiMartini A, Crone C, Dew MA. Alcohol and substance use in liver transplant patients. Clin Liver Dis. 2011;15(4):727-51.

16. European Directorate for the Quality of M, Healthcare, Council of E. Guide to the safety and quality assurance for the transplantation of organs, tissues and cells2011.

17. Fan ST. Living donor: liver transplantation. 2nd ed. New Jersey: World Scientific; 2011. xxi, 333 p. p.

18. Fleisher LA, Fleischmann KE, Auerbach AD, Barnason SA, Beckman JA, Bozkurt B, et al. 2014 ACC/AHA guideline on perioperative cardiovascular evaluation and management of patients undergoing noncardiac surgery: a report of the American College of Cardiology/American Heart Association Task Force on practice guidelines. J Am Coll Cardiol. 2014;64(22):e77-137.

19. Foster R, Zimmerman M, Trotter JF. Expanding donor options: marginal, living, and split donors. Clin Liver Dis. 2007;11(2):417-29.

20. Freeman RB, Jr. The model for end-stage liver disease comes of age. Clin Liver Dis. 2007;11(2):249-63.

21. Grewal P, Martin P. Pretransplant management of the cirrhotic patient. Clin Liver Dis. 2007;11(2):431-49.

22. Gruessner RWG, Sutherland DER. Transplantation of the pancreas. New York: Springer; 2004. xiv, 676 p. p.

23. Gualandro DM, Yu PC, Calderaro D, Marques AC, Pinho C, Caramelli B, et al. II Guidelines for perioperative evaluation of the Brazilian Society of Cardiology. Arq Bras Cardiol. 2011;96(3 Suppl 1):1-68.

24. Harring TR, O'Mahony CA, Goss JA. Extended donors in liver transplantation. Clin Liver Dis. 2011;15(4):879-900.

25. Heemann U, Abramowicz D, Spasovski G, Vanholder R, European Renal Best Practice Work Group on Kidney T. Endorsement of the Kidney Disease Improving Global Outcomes (KDIGO) guidelines on kidney transplantation: a European Renal Best Practice (ERBP) position statement. Nephrol Dial Transplant. 2011;26(7):2099-106.

26. Hoballah JJ. Vascular reconstructions : anatomy, exposures, and techniques. New York: Springer; 2000. xiii, 393 p. p.

27. Kidney Disease: Improving Global Outcomes Transplant Work G. KDIGO clinical practice guideline for the care of kidney transplant recipients. Am J Transplant. 2009;9 Suppl 3:S1-155.

28. Killenberg PG, Clavien P-A. Medical care of the liver transplant patient : total pre-, intra- and post-operative management. 3rd ed. Malden, Mass.: Blackwell Pub.; 2006. xiii, 597 p. p.

29. Knoll GA, Blydt-Hansen TD, Campbell P, Cantarovich M, Cole E, Fairhead T, et al. Canadian Society of Transplantation and Canadian Society of Nephrology commentary on the 2009 KDIGO clinical practice guideline for the care of kidney transplant recipients. Am J Kidney Dis. 2010;56(2):219-46.

30. Kotton C. Guidelines for diagnosis and treatment of infection in transplant recipientes. World Transplant Congress; San Francisco2014.

31. Krowka MJ. Management of pulmonary complications in pretransplant patients. Clin Liver Dis. 2011;15(4):765-77.

32. Lau C, Martin P, Bunnapradist S. Management of renal dysfunction in patients receiving a liver transplant. Clin Liver Dis. 2011;15(4):807-20.

33. Levi DM, Nishida S. Liver transplantation for hepatocellular carcinoma: lessons learned and future directions. Clin Liver Dis. 2011;15(4):717-25.

34. Liou IW, Larson AM. Role of liver transplantation in acute liver failure. Semin Liver Dis. 2008;28(2):201-9.

35. Liu LU, Schiano TD. Long-term care of the liver transplant recipient. Clin Liver Dis. 2007;11(2):397-416.

36. Llovet JM, Fuster J, Bruix J, Barcelona-Clinic Liver Cancer G. The Barcelona approach: diagnosis, staging, and treatment of hepatocellular carcinoma. Liver Transpl. 2004;10(2 Suppl 1):S115-20.

37. Lucey MR. Liver transplantation for alcoholic liver disease. Clin Liver Dis. 2007;11(2):283-9.

38. MacPhee IAM, Fronek J. Handbook of renal and pancreatic transplantation. Chichester, West Sussex, UK: Wiley-Blackwell; 2012. xvii, 481 p. p.

39. Mattos AA. Tratado de Hepatologia. Rio de Janeiro: Rubio; 2010.

40. McDonald JWD. Evidence-based gastroenterology and hepatology. 3rd ed. Chichester, West Sussex: Wiley-Blackwell/BMJ Books; 2010. xi, 810 p. p.

41. Murray KF, Carithers RL, Jr., Aasld. AASLD practice guidelines: Evaluation of the patient for liver transplantation. Hepatology. 2005;41(6):1407-32.

42. O'Grady J. Modern management of acute liver failure. Clin Liver Dis. 2007;11(2):291-303.

43. Polson J, Lee WM, American Association for the Study of Liver D. AASLD position paper: the management of acute liver failure. Hepatology. 2005;41(5):1179-97.

44. Roberto Ceratti Manfro IdLN, Alvaro PAcheco e Silva Filho. Manual de Transplante Renal. São Paulo: Manole; 2014.

45. Rogiers X. Split liver transplantation : theoretical and practical aspects. Darmstadt: Steinkopff; 2002. xiii, 158 p. p.

46. Ryū M, Cho A. New liver anatomy : portal segmentation and the drainage vein. Tokyo: Springer; 2009. xii, 191 p. p.

47. Schiff ER, Maddrey WC, Sorrell MF, Schiff L, ebrary Inc. Schiff's diseases of the liver. Chichester, West Sussex, U.K. ; Hoboken, N.J.: John Wiley & Sons,; 2012. Available from: http://site.ebrary.com/lib/yale/Doc?id=10509839.

48. Sleisenger MH, Feldman M, Friedman LS, Brandt LJ. Sleisenger & Fordtran's gastrointestinal and liver disease : pathophysiology, diagnosis, management. 8th ed. Philadelphia: Saunders Elsevier; 2006.

49. Stravitz RT, Carl DE, Biskobing DM. Medical management of the liver transplant recipient. Clin Liver Dis. 2011;15(4):821-43.

50. Tan HH, Martin P. Care of the liver transplant candidate. Clin Liver Dis. 2011;15(4):779-806.

51. Thiessen C, Kim YA, Yoo PS, Rodriguez-Davalos M, Mulligan D, Kulkarni S. Written informed consent for living liver donor evaluation: compliance with Centers for Medicare and Medicaid Services and Organ Procurement and Transplantation Network Guidelines and alibi offers. Liver Transpl. 2014;20(4):416-24.

52. Transplantation ACoO. Living donor initial consent for evaluation: U.S. Department of Health and Human Services; [cited 2015 02/08/2015]. Available from: http://organdonor.gov/legislation/acotappendix1.html.

53. Urata K, Kawasaki S, Matsunami H, Hashikura Y, Ikegami T, Ishizone S, et al. Calculation of child and adult standard liver volume for liver transplantation. Hepatology. 1995;21(5):1317-21.

54. Zhang KY, Tung BY, Kowdley KV. Liver transplantation for metabolic liver diseases. Clin Liver Dis. 2007;11(2):265-81.

Fontes dos artigos e contribuidores

Seleção de potenciais receptores *Source*: http://www.cdto.med.br/wiki/index.php?oldid=2481 *Contributors*: Silveira.fabio

Protocolo pré-transplante *Source*: http://www.cdto.med.br/wiki/index.php?oldid=2479 *Contributors*: Silveira.fabio

Aconselhamento pré-transplante *Source*: http://www.cdto.med.br/wiki/index.php?oldid=2344 *Contributors*: Silveira.fabio

Inscrição para transplante *Source*: http://www.cdto.med.br/wiki/index.php?oldid=2484 *Contributors*: Silveira.fabio

Sistema Nacional de Transplantes *Source*: http://www.cdto.med.br/wiki/index.php?oldid=2103 *Contributors*: Silveira.fabio

Imunologia do transplante *Source*: http://www.cdto.med.br/wiki/index.php?oldid=2456 *Contributors*: Silveira.fabio

Manejo do paciente em lista de espera *Source*: http://www.cdto.med.br/wiki/index.php?oldid=2464 *Contributors*: Silveira.fabio

Doador em morte encefálica *Source*: http://www.cdto.med.br/wiki/index.php?oldid=2409 *Contributors*: Silveira.fabio

Doador vivo *Source*: http://www.cdto.med.br/wiki/index.php?oldid=2581 *Contributors*: Cassia.sbrissia, Silveira.fabio

Captação de órgãos *Source*: http://www.cdto.med.br/wiki/index.php?oldid=2507 *Contributors*: Silveira.fabio

Admissão de paciente para o transplante *Source*: http://www.cdto.med.br/wiki/index.php?oldid=2520 *Contributors*: Silveira.fabio

Preparo de cirurgia *Source*: http://www.cdto.med.br/wiki/index.php?oldid=2230 *Contributors*: Silveira.fabio

Manejo peri-operatório e pós-operatório imediato *Source*: http://www.cdto.med.br/wiki/index.php?oldid=2473 *Contributors*: Silveira.fabio

Disfunção inicial do enxerto *Source*: http://www.cdto.med.br/wiki/index.php?oldid=2366 *Contributors*: Silveira.fabio

Rotinas de enfermagem *Source*: http://www.cdto.med.br/wiki/index.php?oldid=2539 *Contributors*: Silveira.fabio

Imunossupressão *Source*: http://www.cdto.med.br/wiki/index.php?oldid=2584 *Contributors*: Silveira.fabio, Timecdto

Drogas imunossupressoras *Source*: http://www.cdto.med.br/wiki/index.php?oldid=2585 *Contributors*: Silveira.fabio

Rejeição aguda *Source*: http://www.cdto.med.br/wiki/index.php?oldid=2601 *Contributors*: Silveira.fabio

Manejo de enfermaria *Source*: http://www.cdto.med.br/wiki/index.php?oldid=2462 *Contributors*: Silveira.fabio

Acompanhamento ambulatorial pós-transplante *Source*: http://www.cdto.med.br/wiki/index.php?oldid=2343 *Contributors*: Silveira.fabio

Admissão de paciente pós-transplante *Source*: http://www.cdto.med.br/wiki/index.php?oldid=2354 *Contributors*: Silveira.fabio

Disfunção tardia do enxerto *Source*: http://www.cdto.med.br/wiki/index.php?oldid=2373 *Contributors*: Silveira.fabio

Doenças infecciosas *Source*: http://www.cdto.med.br/wiki/index.php?oldid=2587 *Contributors*: Silveira.fabio

Vacinação *Source*: http://www.cdto.med.br/wiki/index.php?oldid=2487 *Contributors*: Cassia.sbrissia, Silveira.fabio

Manejo do cirrótico descompensado *Source*: http://www.cdto.med.br/wiki/index.php?oldid=2081 *Contributors*: Silveira.fabio

Ascite *Source*: http://www.cdto.med.br/wiki/index.php?oldid=2135 *Contributors*: Silveira.fabio

Peritonite bacteriana espontânea *Source*: http://www.cdto.med.br/wiki/index.php?oldid=2136 *Contributors*: Silveira.fabio

Hemorragia digestiva alta varicosa *Source*: http://www.cdto.med.br/wiki/index.php?oldid=2575 *Contributors*: Silveira.fabio

Varizes esôfágicas *Source*: http://www.cdto.med.br/wiki/index.php?oldid=2131 *Contributors*: Silveira.fabio

Encefalopatia hepática *Source*: http://www.cdto.med.br/wiki/index.php?oldid=2488 *Contributors*: Silveira.fabio

Hepatocarcinoma *Source*: http://www.cdto.med.br/wiki/index.php?oldid=2491 *Contributors*: Silveira.fabio

Síndrome hepato-renal *Source*: http://www.cdto.med.br/wiki/index.php?oldid=2213 *Contributors*: Silveira.fabio

Síndrome hepato-pulmonar *Source*: http://www.cdto.med.br/wiki/index.php?oldid=2495 *Contributors*: Silveira.fabio

Hipertensão porto-pulmonar *Source*: http://www.cdto.med.br/wiki/index.php?oldid=2260 *Contributors*: Silveira.fabio

Quimioembolização *Source*: http://www.cdto.med.br/wiki/index.php?oldid=2171 *Contributors*: Silveira.fabio

Não funcionamento primário do enxerto *Source*: http://www.cdto.med.br/wiki/index.php?oldid=2541 *Contributors*: Silveira.fabio

Profilaxia de re-infecção do vírus B pós-transplante hepático *Source*: http://www.cdto.med.br/wiki/index.php?oldid=2165 *Contributors*: Silveira.fabio

Fígado dividido *Source*: http://www.cdto.med.br/wiki/index.php?oldid=2586 *Contributors*: Silveira.fabio

Lesão crônica do aloenxerto *Source*: http://www.cdto.med.br/wiki/index.php?oldid=2160 *Contributors*: Silveira.fabio

Osteopenia *Source*: http://www.cdto.med.br/wiki/index.php?oldid=2493 *Contributors*: Silveira.fabio

Hipertensão arterial sistêmica *Source*: http://www.cdto.med.br/wiki/index.php?oldid=2158 *Contributors*: Silveira.fabio

Diabete melito *Source*: http://www.cdto.med.br/wiki/index.php?oldid=2156 *Contributors*: Silveira.fabio

Sobrevida e resultados *Source*: http://www.cdto.med.br/wiki/index.php?oldid=2517 *Contributors*: Silveira.fabio

Consentimento informado *Source*: http://www.cdto.med.br/wiki/index.php?oldid=2592 *Contributors*: Silveira.fabio

Referências bibliográficas *Source*: http://www.cdto.med.br/wiki/index.php?oldid=2568 *Contributors*: Silveira.fabio

Fontes das imagens, licenças e contribuidores

File:FLUX001.Pré-transplante.pdf *Source*: http://www.cdto.med.br/wiki/index.php?title=Arquivo:FLUX001.Pré-transplante.pdf *License*: unknown *Contributors*: Silveira.fabio

Arquivo:FLUX001.Pré-transplante.pdf *Source*: http://www.cdto.med.br/wiki/index.php?title=Arquivo:FLUX001.Pré-transplante.pdf *License*: unknown *Contributors*: Silveira.fabio

File:CHECK001. Inscrição para transplante.pdf *Source*: http://www.cdto.med.br/wiki/index.php?title=Arquivo:CHECK001._Inscrição_para_transplante.pdf *License*: unknown *Contributors*: Silveira.fabio

File:FLUX005.Doador em morte encefálica.pdf *Source*: http://www.cdto.med.br/wiki/index.php?title=Arquivo:FLUX005.Doador_em_morte_encefálica.pdf *License*: unknown *Contributors*: Silveira.fabio

File:FLUX006.Doador vivo.pdf *Source*: http://www.cdto.med.br/wiki/index.php?title=Arquivo:FLUX006.Doador_vivo.pdf *License*: unknown *Contributors*: Silveira.fabio

Arquivo:FLUX019.Protocolo de doador vivo.pdf *Source*: http://www.cdto.med.br/wiki/index.php?title=Arquivo:FLUX019.Protocolo_de_doador_vivo.pdf *License*: unknown *Contributors*: Silveira.fabio

Arquivo:CHECK004. Seguimento doador vivo.pdf *Source*: http://www.cdto.med.br/wiki/index.php?title=Arquivo:CHECK004._Seguimento_doador_vivo.pdf *License*: unknown *Contributors*: Silveira.fabio

Arquivo:FLUX002.Peri-transplante.pdf *Source*: http://www.cdto.med.br/wiki/index.php?title=Arquivo:FLUX002.Peri-transplante.pdf *License*: unknown *Contributors*: Silveira.fabio

Arquivo:FLUX007.Oferta de orgão.pdf *Source*: http://www.cdto.med.br/wiki/index.php?title=Arquivo:FLUX007.Oferta_de_orgão.pdf *License*: unknown *Contributors*: Silveira.fabio

Arquivo:CHECK002. Transplante.pdf *Source*: http://www.cdto.med.br/wiki/index.php?title=Arquivo:CHECK002._Transplante.pdf *License*: unknown *Contributors*: Silveira.fabio

Arquivo:CHECK003. Oferta de órgão.pdf *Source*: http://www.cdto.med.br/wiki/index.php?title=Arquivo:CHECK003._Oferta_de_órgão.pdf *License*: unknown *Contributors*: Silveira.fabio

File:FLUX003.Pós-transplante imediato.pdf *Source*: http://www.cdto.med.br/wiki/index.php?title=Arquivo:FLUX003.Pós-transplante_imediato.pdf *License*: unknown *Contributors*: Silveira.fabio

File:FLUX008.Manejo da oligúria e anúria.pdf *Source*: http://www.cdto.med.br/wiki/index.php?title=Arquivo:FLUX008.Manejo_da_oligúria_e_anúria.pdf *License*: unknown *Contributors*: Silveira.fabio

File:FLUX009.Disfunção inicial do enxerto renal.pdf *Source*: http://www.cdto.med.br/wiki/index.php?title=Arquivo:FLUX009.Disfunção_inicial_do_enxerto_renal.pdf *License*: unknown *Contributors*: Silveira.fabio

File:FLUX013.Disfunção inicial do enxerto hepático.pdf *Source*: http://www.cdto.med.br/wiki/index.php?title=Arquivo:FLUX013.Disfunção_inicial_do_enxerto_hepático.pdf *License*: unknown *Contributors*: Silveira.fabio

File:FLUX004.Pós-transplante.pdf *Source*: http://www.cdto.med.br/wiki/index.php?title=Arquivo:FLUX004.Pós-transplante.pdf *License*: unknown *Contributors*: Silveira.fabio

Arquivo:FLUX020.Guidelines imunossupressão.pdf *Source*: http://www.cdto.med.br/wiki/index.php?title=Arquivo:FLUX020.Guidelines_imunossupressão.pdf *License*: unknown *Contributors*: Silveira.fabio

File:FLUX015.Alta hospitalar.pdf *Source*: http://www.cdto.med.br/wiki/index.php?title=Arquivo:FLUX015.Alta_hospitalar.pdf *License*: unknown *Contributors*: Silveira.fabio

Arquivo:FLUX004.Pós-transplante.pdf *Source*: http://www.cdto.med.br/wiki/index.php?title=Arquivo:FLUX004.Pós-transplante.pdf *License*: unknown *Contributors*: Silveira.fabio

Arquivo:timeline_infections.png *Source*: http://www.cdto.med.br/wiki/index.php?title=Arquivo:Timeline_infections.png *License*: unknown *Contributors*: Silveira.fabio

Arquivo:FLUX012.Admissão paciente pós-transplante - doenças infecciosas.pdf *Source*: http://www.cdto.med.br/wiki/index.php?title=Arquivo:FLUX012.Admissão_paciente_pós-transplante_-_doenças_infecciosas.pdf *License*: unknown *Contributors*: Silveira.fabio

File:FLUX010.Disfunção tardia do enxerto renal.pdf *Source*: http://www.cdto.med.br/wiki/index.php?title=Arquivo:FLUX010.Disfunção_tardia_do_enxerto_renal.pdf *License*: unknown *Contributors*: Silveira.fabio

File:FLUX014.Disfunção tardia do enxerto hepático.pdf *Source*: http://www.cdto.med.br/wiki/index.php?title=Arquivo:FLUX014.Disfunção_tardia_do_enxerto_hepático.pdf *License*: unknown *Contributors*: Silveira.fabio

File:FLUX011.Infecção de sítio cirúrgico.pdf *Source*: http://www.cdto.med.br/wiki/index.php?title=Arquivo:FLUX011.Infecção_de_sítio_cirúrgico.pdf *License*: unknown *Contributors*: Silveira.fabio

File:FLUX016.Encefalopatia_hepática.pdf *Source*: http://www.cdto.med.br/wiki/index.php?title=Arquivo:FLUX016.Encefalopatia_hepática.pdf *License*: unknown *Contributors*: Silveira.fabio

Arquivo:hepatocarcinoma.jpg *Source*: http://www.cdto.med.br/wiki/index.php?title=Arquivo:Hepatocarcinoma.jpg *License*: unknown *Contributors*: Silveira.fabio

File:FLUX018.Síndrome hepatopulmonar.pdf *Source*: http://www.cdto.med.br/wiki/index.php?title=Arquivo:FLUX018.Síndrome_hepatopulmonar.pdf *License*: unknown *Contributors*: Silveira.fabio

File:FLUX017.Osteopenia.pdf *Source*: http://www.cdto.med.br/wiki/index.php?title=Arquivo:FLUX017.Osteopenia.pdf *License*: unknown *Contributors*: Silveira.fabio

Arquivo:Epiinfo qualidade.jpg *Source*: http://www.cdto.med.br/wiki/index.php?title=Arquivo:Epiinfo_qualidade.jpg *License*: unknown *Contributors*: Silveira.fabio

Arquivo:CONS002- Transplante de fígado - Cirurgia do receptor.pdf *Source*: http://www.cdto.med.br/wiki/index.php?title=Arquivo:CONS002-_Transplante_de_fígado_-_Cirurgia_do_receptor.pdf *License*: unknown *Contributors*: Silveira.fabio

Arquivo:CONS004- Transplante de rim - Cirurgia do receptor.pdf *Source*: http://www.cdto.med.br/wiki/index.php?title=Arquivo:CONS004-_Transplante_de_rim_-_Cirurgia_do_receptor.pdf *License*: unknown *Contributors*: Silveira.fabio

Arquivo:CONS006- Transplante duplo pâncreas e rim - Cirurgia do receptor.pdf *Source*: http://www.cdto.med.br/wiki/index.php?title=Arquivo:CONS006-_Transplante_duplo_pâncreas_e_rim_-_Cirurgia_do_receptor.pdf *License*: unknown *Contributors*: Silveira.fabio

Arquivo:CONS007- Transplante de pâncreas isolado - Cirurgia do receptor.pdf *Source*: http://www.cdto.med.br/wiki/index.php?title=Arquivo:CONS007-_Transplante_de_pâncreas_isolado_-_Cirurgia_do_receptor.pdf *License*: unknown *Contributors*: Silveira.fabio

Arquivo:CONS003- Transplante de fígado - Critérios expandidos.pdf *Source*: http://www.cdto.med.br/wiki/index.php?title=Arquivo:CONS003-_Transplante_de_fígado_-_Critérios_expandidos.pdf *License*: unknown *Contributors*: Silveira.fabio

Arquivo:CONS005- Transplante de rim - Critérios expandidos.pdf *Source*: http://www.cdto.med.br/wiki/index.php?title=Arquivo:CONS005-_Transplante_de_rim_-_Critérios_expandidos.pdf *License*: unknown *Contributors*: Silveira.fabio

Arquivo:CONS010- Doador vivo - fígado - cirurgia do doador.pdf *Source*: http://www.cdto.med.br/wiki/index.php?title=Arquivo:CONS010-_Doador_vivo_-_fígado_-_cirurgia_do_doador.pdf *License*: unknown *Contributors*: Silveira.fabio

Arquivo:CONS011- Doador vivo - rim - cirurgia do doador.pdf *Source*: http://www.cdto.med.br/wiki/index.php?title=Arquivo:CONS011-_Doador_vivo_-_rim_-_cirurgia_do_doador.pdf *License*: unknown *Contributors*: Silveira.fabio

Arquivo:CONS012- Aderência ao programa de transplantes de órgãos abdominais.pdf *Source*: http://www.cdto.med.br/wiki/index.php?title=Arquivo:CONS012-_Aderência_ao_programa_de_transplantes_de_órgãos_abdominais.pdf *License*: unknown *Contributors*: Silveira.fabio

Arquivo:CONS001- Avaliação pré-transplante de órgãos abdominais.pdf *Source*: http://www.cdto.med.br/wiki/index.php?title=Arquivo:CONS001-_Avaliação_pré-transplante_de_órgãos_abdominais.pdf *License*: unknown *Contributors*: Silveira.fabio

Arquivo:CONS008- Doador vivo - fígado - avaliação pré-transplante.pdf *Source*: http://www.cdto.med.br/wiki/index.php?title=Arquivo:CONS008-_Doador_vivo_-_fígado_-_avaliação_pré-transplante.pdf *License*: unknown *Contributors*: Silveira.fabio

Arquivo:CONS009- Doador vivo - rim - avaliação pré-transplante.pdf *Source*: http://www.cdto.med.br/wiki/index.php?title=Arquivo:CONS009-_Doador_vivo_-_rim_-_avaliação_pré-transplante.pdf *License*: unknown *Contributors*: Silveira.fabio

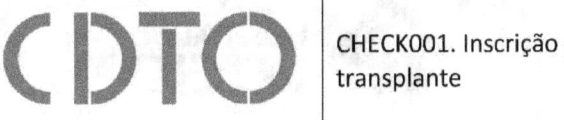 CHECK001. Inscrição para transplante

Inscrição para transplante

1. ( ) Tipagem sanguínea coincidente em duas amostras diferentes (anexar cópia resultado)
2. ( ) Preenchimento e conferência da ficha de avaliação pré-transplante pelo médico.
3. ( ) Autorização da inscrição pela equipe transplantadora.
4. ( ) Carta de listagem no programa de transplante.
5. ( ) Termo de consentimento de aderência ao programa de transplante (duas vias).
6. ( ) Termo de consentimento para a cirurgia de transplante (duas vias).
7. ( ) Termo de consentimento para utilização de doadores de critérios expandidos (duas vias).
8. ( ) Material educativo
9. ( ) Preenchimento da ficha de cadastro de transplantes.
10. ( ) Cópia do RG, CPF, comprovante de residência e Cartão Nacional do SUS (último não obrigatório).
11. ( ) Preencher inscrição em lista de espera no Sistema Nacional de Transplantes (Inserção SNT).
12. ( ) Fornecer ao paciente cópia da ficha de inscrição no Sistema Nacional de Transplantes.
13. ( ) Coleta de amostra de sangue para tipificação HLA e painel HLA.

_____

Conferido por / Data

 CHECK002. Transplante

Transplante

Antes da indução anestésica do receptor

-Durante o preparo em cirurgia de mesa em casos de doador cadáver ou na sala cirúrgica do doador em casos de doador vivo.

Horário do check-list: _____

1. Confirmação da identificação do receptor. RGCT: _____
   ( )Sim   ( )Não

2. Confirmação da identificação do doador. RGCT: _____
   ( )Sim   ( )Não

3. Tipagem sanguínea compatível entre doador e receptor

   Tipo sanguíneo do doador: ( )A ( )B ( )O ( )AB
   Tipo sanguíneo do receptor ( )A ( )B ( )O ( )AB

4. Cirurgião declara o órgão ser adequado para transplante.
   ( )Sim   ( )Não

Cirurgia

Antes das anastomoses vasculares

5. Re-certificação da compatibilidade sanguínea.

   Tipo sanguíneo do doador: ( )A ( )B ( )O ( )AB
   Tipo sanguíneo do receptor ( )A ( )B ( )O ( )AB

   Horário da reperfusão: _____

Após término da cirurgia

6. Enxertos vasculares encaminhados para armazenamento.
   ( )Sim   ( )Não

_____   _____   _____
   Cirurgião   Enfermeiro transplante   Circulante sala.

| Revisado em: 05/03/2015 | 1 | www.cdto.med.br/wiki |

 CHECK003. Oferta de órgão

Oferta de órgão

1. ( )Fluxograma a seguir: FLUX007.Oferta de órgão.
    a. ( ) Notificar equipe acerca do provável horário de chegada do receptor.
    b. ( ) Alinhamento do horário da saída para a captação com a CET.
    c. ( ) Notificar recepção do hospital (Nome do receptor, solicitação de exames)
    d. ( ) Conferir material de captação (Captação de órgãos)
    e.
2. ( )Fluxograma a seguir: FLUX002.Peri-transplante
    a. ( )Rotina: Admissão do paciente para transplante.
    b. Check-list:
        i. (...)Banco de sangue
        ii. ( ) UTI
        iii. ( ) Instrumentação cirúrgica
        iv. ( ) Anestesiologia
        v. ( ) Cellsaver
    c. Avaliação médica do receptor
        i. ( )Avaliação dos exames laboratoriais
        ii. ( )Definição sobre a necessidade ou não de diálise no pré-operatório.
        iii. ( )Autorização médica para prosseguir com o transplante.
3. ( ) Definição do horário de início do procedimento, de acordo com os seguintes:
    a. Horário que o receptor estiver pronto para a cirurgia (considerar se indicada diálise pré-operatória ou não);
    b. Horário da chegada do órgão ao hospital;
    c. Horário do resultado do exame de compatibilidade imunológica (*crossmatch*) no caso de transplante de rim/pâncreas.
    d. Disponibilidade da equipe cirúrgica e anestesiológica;
    e. Disponibilidade de vaga no centro cirúrgico;
    f. Disponibilidade de vaga na unidade de terapia intensiva.
    g.
4. ( )Encaminhar ao centro cirúrgico a pasta contendo a avaliação pré-operatória do paciente.
5. ( )Encaminhar ao centro cirúrgico prescrição e medicamentos a serem administrados no intra-operatório

 CHECK004. Seguimento doador vivo

Seguimento de doador vivo de órgão para transplante.

1. Informações do doador

Nome:_____Data da avaliação:_____

( ) Masculino   ( ) Feminino   Peso _____ Kg   Altura _____cm

Data de nascimento:_____

Data do transplante:_____ Data da Alta:_____

Órgão doado:_____

( ) Laparoscópico   ( ) Aberta

Nome do receptor:_____

2. Condições do doador

Data do último contato ou morte: _____

Tentativas para contato:_____

Causa (s) da morte:_____

3. Capacidade funcional do doador

Capacidade física:
( ) Ausência de limitação
( ) Mobilidade limitada
( ) Cadeira de rodas ou limitação maior
( ) Não sabe

Rendimentos financeiros devido a atividade profissional:
( ) Sim   ( ) Não   ( ) Não sabe   ( ) Incapacitado
( ) Renda por previdência / seguro
( ) Problemas com previdência / seguro

| Revisado em: 02/08/2015 | 1 | www.cdto.med.br/wiki |

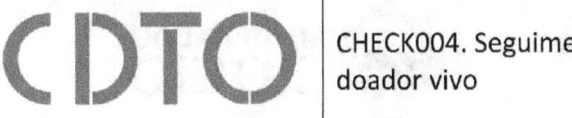 CHECK004. Seguimento doador vivo

Se não está trabalhando, isto se deve a:
( ) Dificuldade de encontrar emprego
( ) Escolha própria, dono (a) de casa
( ) Escolha própria, estudante
( ) Escolha própria, aposentado
( ) Escolha própria, outros
( ) Não sabe

Se está trabalhando:
( ) Trabalha em tempo integral
( ) Trabalho em meio período devido a incapacidade
( ) Trabalho em meio período por problemas com a previdência ou seguros
( ) Trabalho em meio período por dificuldade de encontrar emprego tempo integral
( ) Trabalho em meio período por escolha própria
( ) Trabalho em meio período por razões desconhecidas

4. Informações clínicas gerais

Peso Atual:_____
Algum dos seguintes exames foram realizados após a doação:

4.1 Tomografia Computadorizada:
( ) Não realizado
( ) Sim, resultado normal
( ) Sim, resultado alterado – especificar abaixo
( ) Não sabe
Especificar alteração
_____
_____

 CHECK004. Seguimento doador vivo

4.2 Ressonância Magnética
( ) Não realizado
( ) Sim, resultado normal
( ) Sim, resultado alterado – especificar abaixo
( ) Não sabe
Especificar alteração

_____
_____

4.3 Ultrassonografia
( ) Não realizado
( ) Sim, resultado normal
( ) Sim, resultado alterado – especificar abaixo
( ) Não sabe
Especificar alteração

_____
_____

5. Informações clínicas - fígado:

Bilirrubinas totais	AST / TGO	ALT / TGP	Fosfatase alcalina
Albumina	**Creatinina**	**TAP**	**RNI**

6. Informações clínicas – rim:

Creatinina sérica_____

Pressão Arterial_____

Doador desenvolveu hipertensão arterial e necessita de medicação:

( ) sim   ( ) não   ( ) não sabe

 CHECK004. Seguimento doador vivo

Proteinúria em exame de urina

( ) sim   ( ) não   ( ) não sabe ( ) não fez exame

Está necessitando de diálise
( ) sim , desde_____   ( ) não   ( ) não sabe

7. Diabetes
( ) sim   ( ) não   ( ) não sabe
se sim, o tratamento:
( ) insulina   ( ) comprimidos   ( ) ambos   ( ) apenas dieta

8. Dor crônica no corte da cirurgia para remover o órgão
( ) sim   ( ) não   ( ) não sabe
se sim:
( ) leve   ( ) moderada   ( ) severa   ( ) não sabe

9. Complicações

O doador precisou ser novamente internado no hospital após a doação
( ) sim   ( ) não   ( ) não sabe
se sim, data da internação_____
especificar os motivos:
_____
_____

9.1 Complicações renais após a doação

( ) sim   ( ) não   ( ) não sabe
se sim:
( ) em fila de espera para transplante de rim
( ) em diálise
( ) outra,
especificar_____
_____
_____

 CHECK004. Seguimento doador vivo

9.2 Complicações hepáticas após a doação

( ) sim ( ) não ( ) não sabe
se sim:
( ) em fila de espera para transplante de fígado
( ) Falência hepática
( ) Fístula biliar
( ) Abscesso Abdominal / Hepático
( ) Ressecção hepática
( ) Outras, especificar

_____
_____

9.3 Alguma complicação após a doação:

( ) sim ( ) não
se sim, especificar

_____
_____

FLUX.001
Pré-transplante

Pré-transplante.

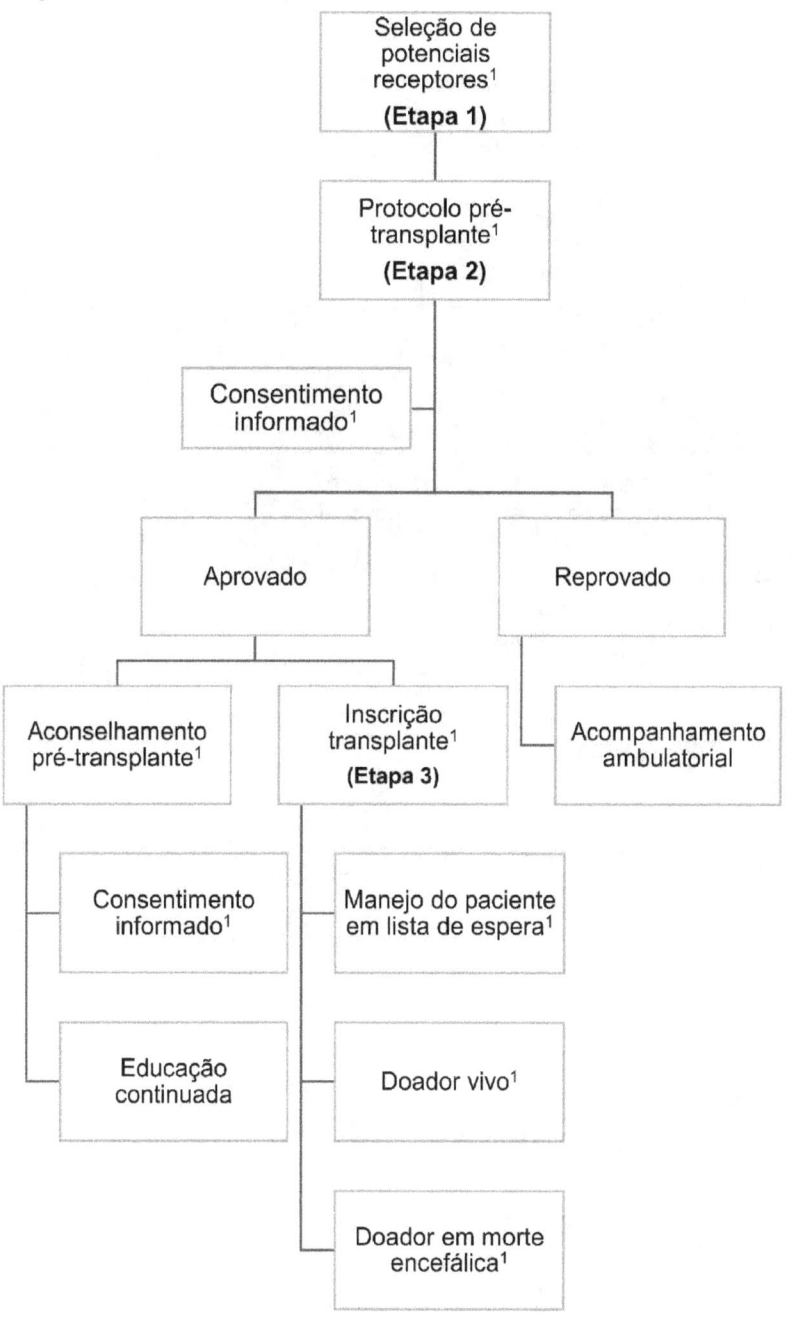

1. Vide seção correspondente no protocolo.

FLUX002.Peri-transplante

Peri-transplante

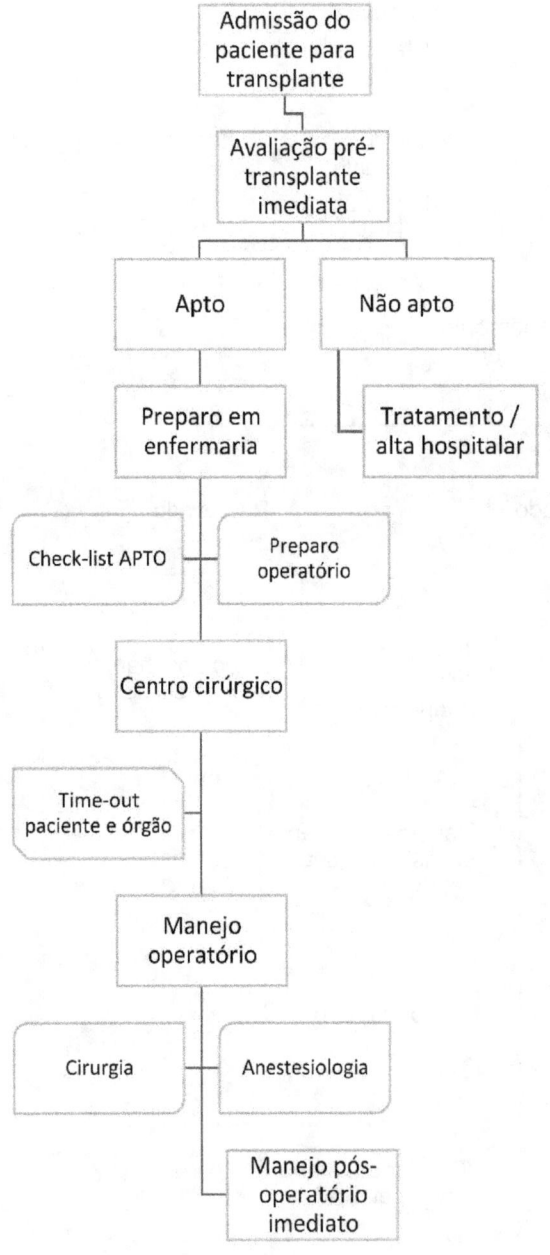

 FLUX003.Pós-transplante imediato

Pós-transplante imediato

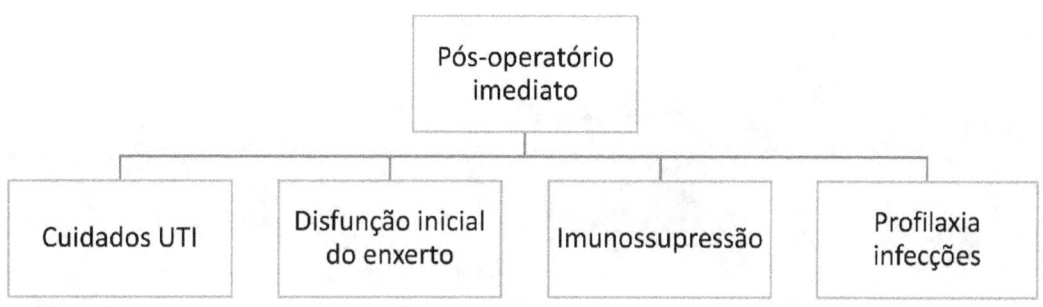

 FLUX004. Pós-transplante

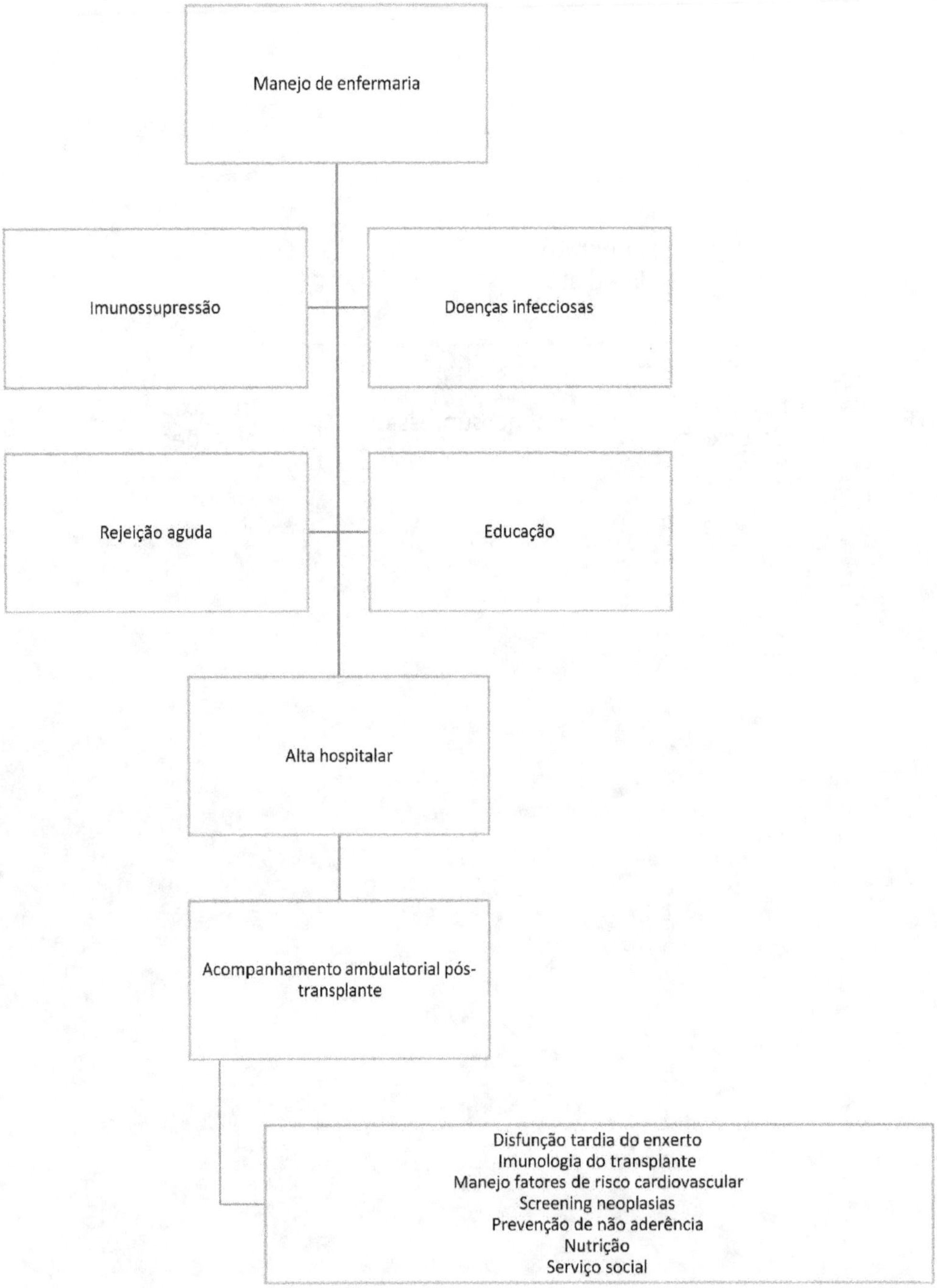

Pós-transplante.

- Manejo de enfermaria
  - Imunossupressão
  - Doenças infecciosas
  - Rejeição aguda
  - Educação
- Alta hospitalar
- Acompanhamento ambulatorial pós-transplante
  - Disfunção tardia do enxerto
  - Imunologia do transplante
  - Manejo fatores de risco cardiovascular
  - Screening neoplasias
  - Prevenção de não aderência
  - Nutrição
  - Serviço social

Revisado em: 19/03/2015

www.cdto.med.br/wiki

 FLUX005.Doador em morte encefálica

Doador em morte encefálica

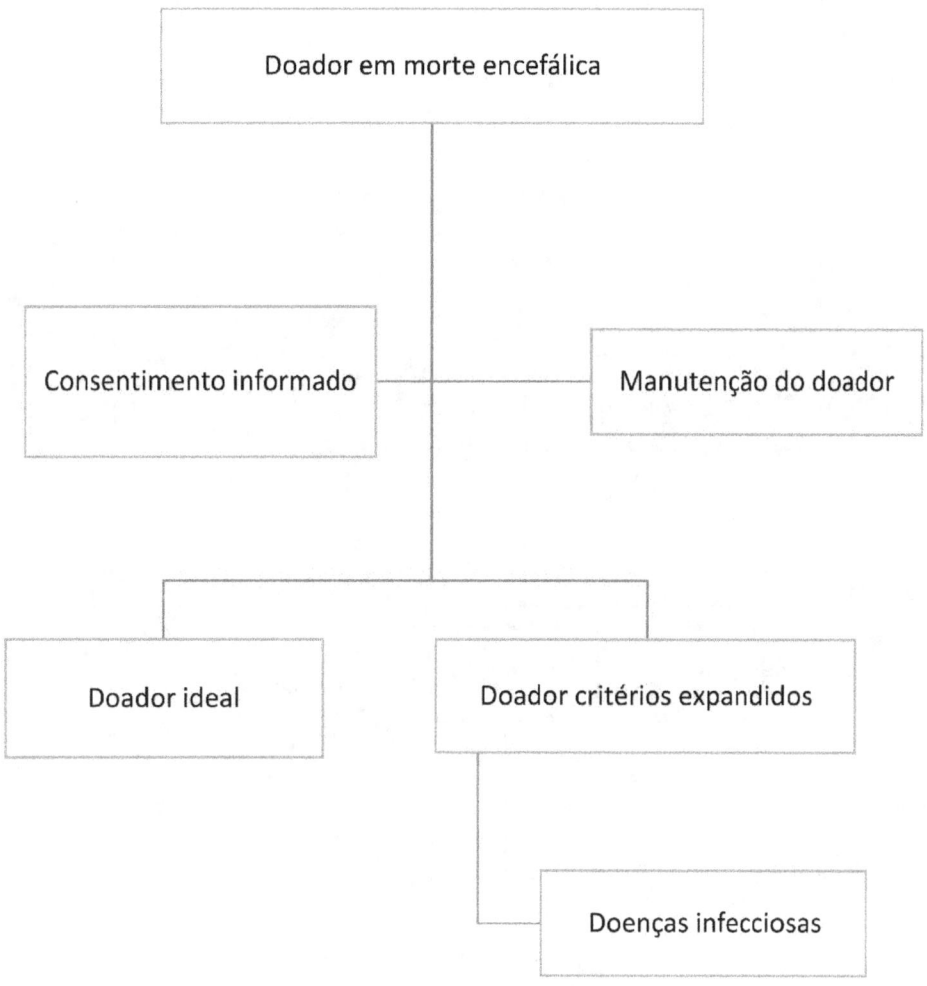

Doador vivo

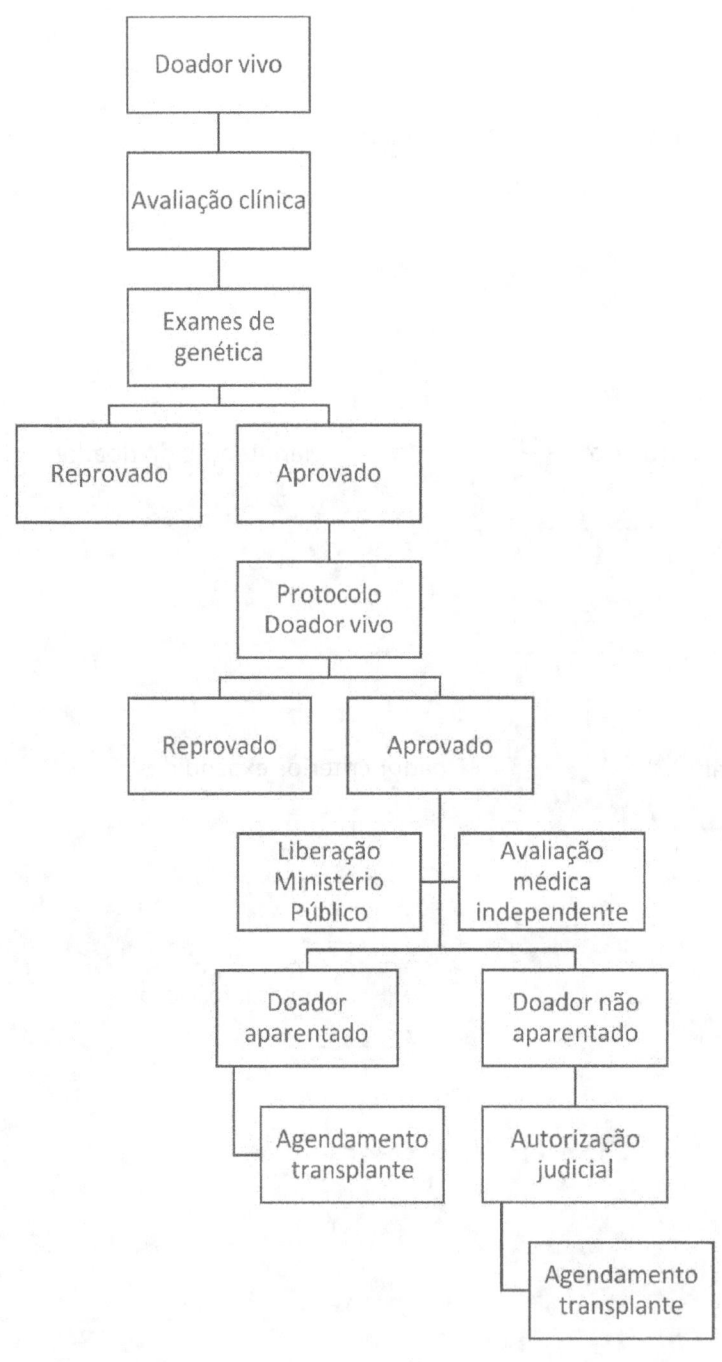

 FLUX007.Oferta de órgão

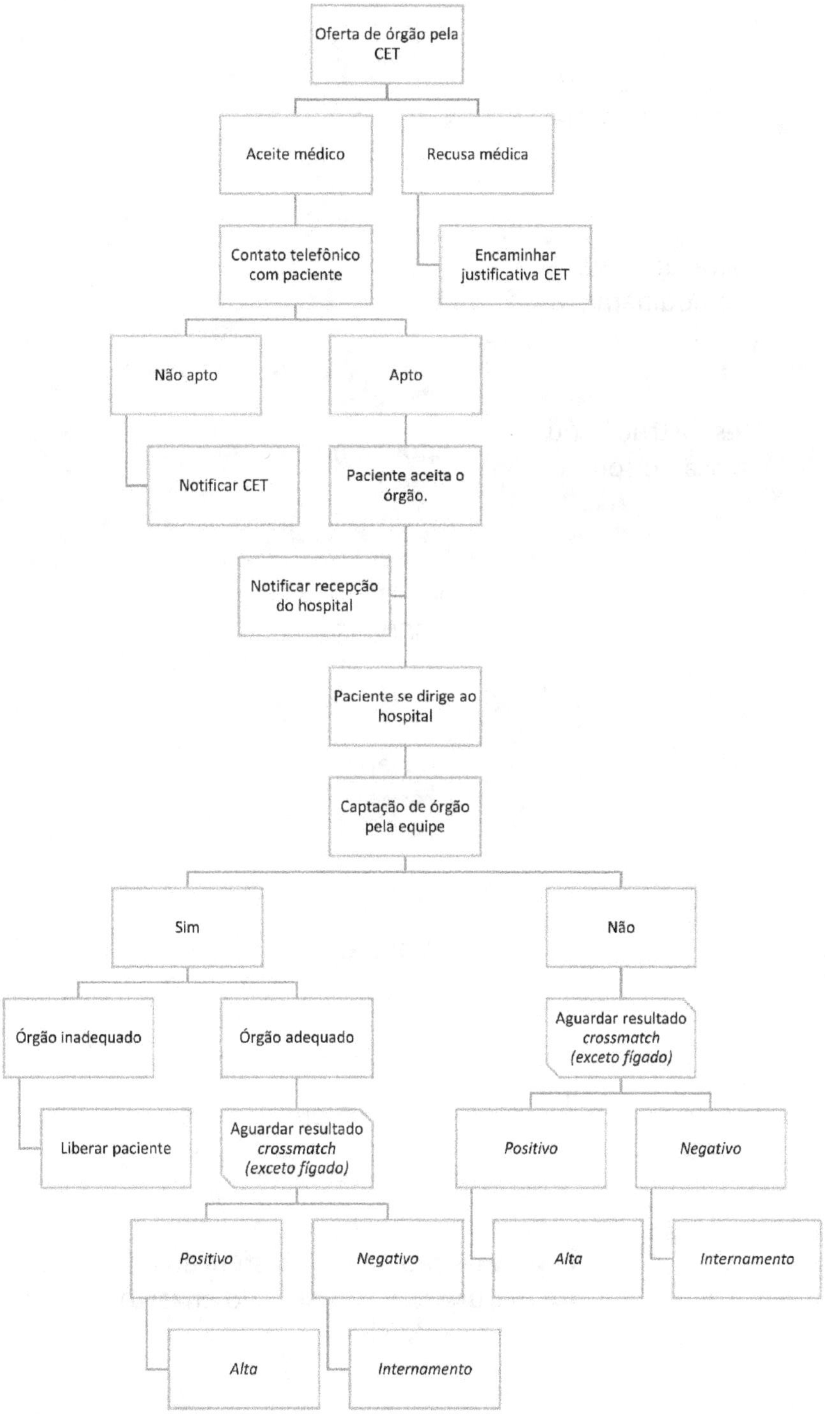

Oferta de órgão.

```
                    Oferta de órgão pela CET
                              │
                  ┌───────────┴───────────┐
              Aceite médico           Recusa médica
                    │                       │
                    │                  Encaminhar
            Contato telefônico         justificativa CET
              com paciente
                    │
            ┌───────┴───────┐
         Não apto          Apto
            │               │
        Notificar CET   Paciente aceita o órgão.
                            │
                     Notificar recepção
                        do hospital
                            │
                     Paciente se dirige ao
                           hospital
                            │
                     Captação de órgão
                        pela equipe
                            │
                 ┌──────────┴──────────┐
                Sim                   Não
                 │                     │
         ┌───────┴───────┐      Aguardar resultado
    Órgão inadequado  Órgão adequado   crossmatch
         │               │            (exceto fígado)
     Liberar          Aguardar             │
     paciente         resultado     ┌──────┴──────┐
                      crossmatch  Positivo    Negativo
                    (exceto fígado)   │           │
                         │          Alta     Internamento
                    ┌────┴────┐
                Positivo   Negativo
                    │         │
                   Alta   Internamento
```

Revisado em: 05/03/2015 | 1 | www.cdto.med.br/wiki

 FLUX008. Manejo da oligúria e anúria.

Manejo da oligúria e anúria.

```
                    Oligúria / anúria
                           │
                    Avaliar status
                    hemodinâmico
         ┌─────────────┼─────────────┐
    Euvolêmico    Desobstrução ou   Hipovolemia
                   troca de sonda
         │                              │
    Furosemida                    SF 0,9% 300-
    2mg/kg IV*                      500ml*
         │                              │
    Resposta                       Ausência
    diurética                      resposta
    adequada
         │                              │
    Manter                          Doppler
    hidratação                        │
                              ┌───────┴───────┐
                         Alteração de    Sem alterações
                            fluxo
                              │               │
                         Avaliação       Disfunção inicial
                         cirúrgica        do enxerto
```

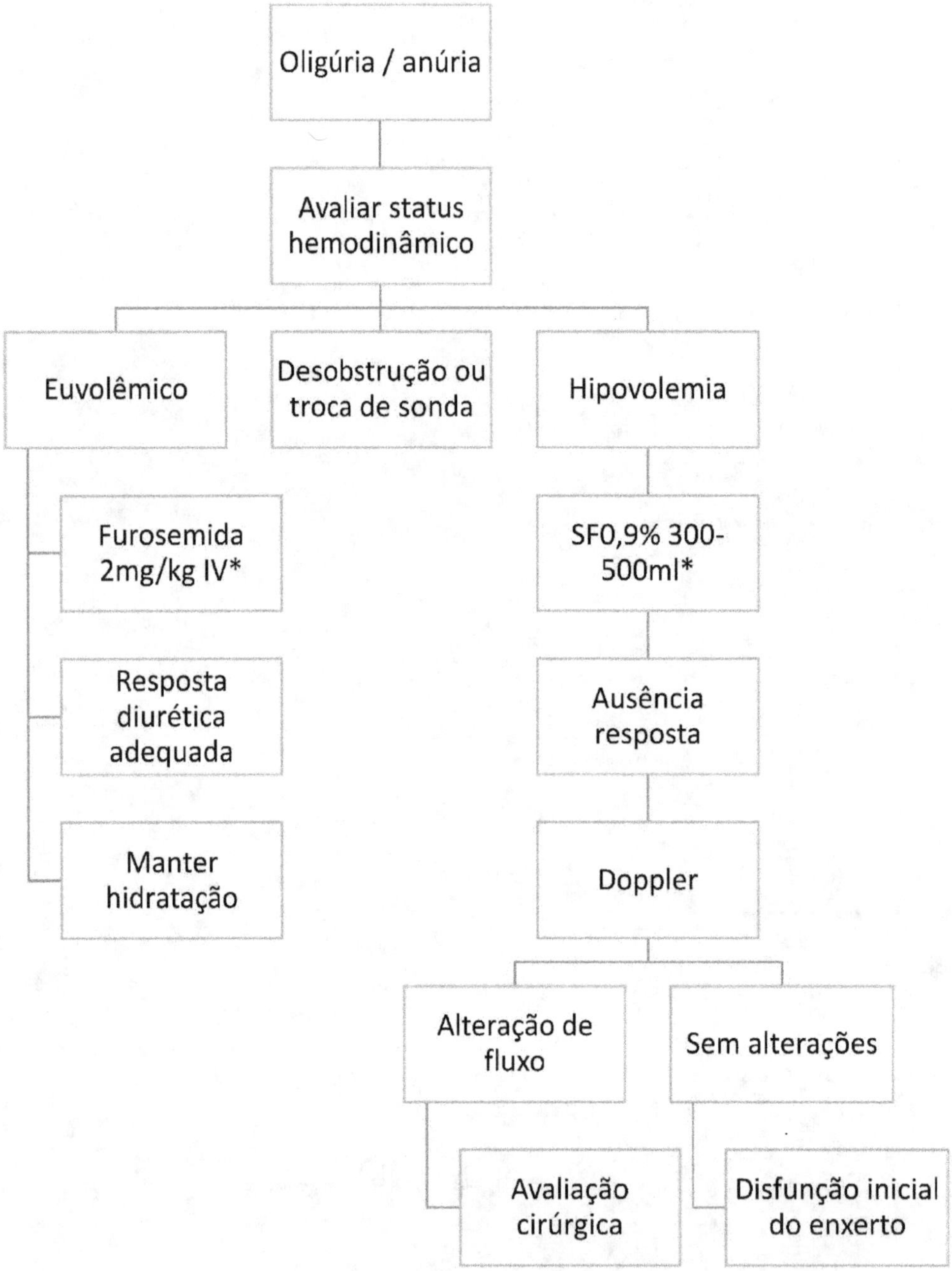

*Pode ser repetido conforme resposta e avaliação clínica e hemodinâmica.

| Revisado em: 05/03/2015 | 1 | www.cdto.med.br/wiki |

 FLUX009. Disfunção inicial do enxerto renal

Disfunção inicial do enxerto renal

```
                    Disfunção inicial do
                          enxerto
                             │
                     Avaliação clínica
                             │
                    Checar [IC] e reduzir
                     caso níveis elevados.
                             │
        ┌────────────────────┼────────────────────┐
 Comprometimento           Sepse            Sistemicamente
  hemodinâmico                                    bem
        │                     │                    │
 Otimizar perfusão     Protocolo sepse         US doppler
                                                   │
                                        ┌──────────┴──────────┐
                                     Normal           Problema estrutural
                                        │                    │
                                  Biópsia renal      ┌───────┼──────────────┐
                                                Obstrução    Estenose renal:   Perfusão
                                              (desobstruir /  arteriografia   inadequada:
                                              drenar coleções)               cintilografia.
```

Revisado em: 05/03/2015 — www.cdto.med.br/wiki

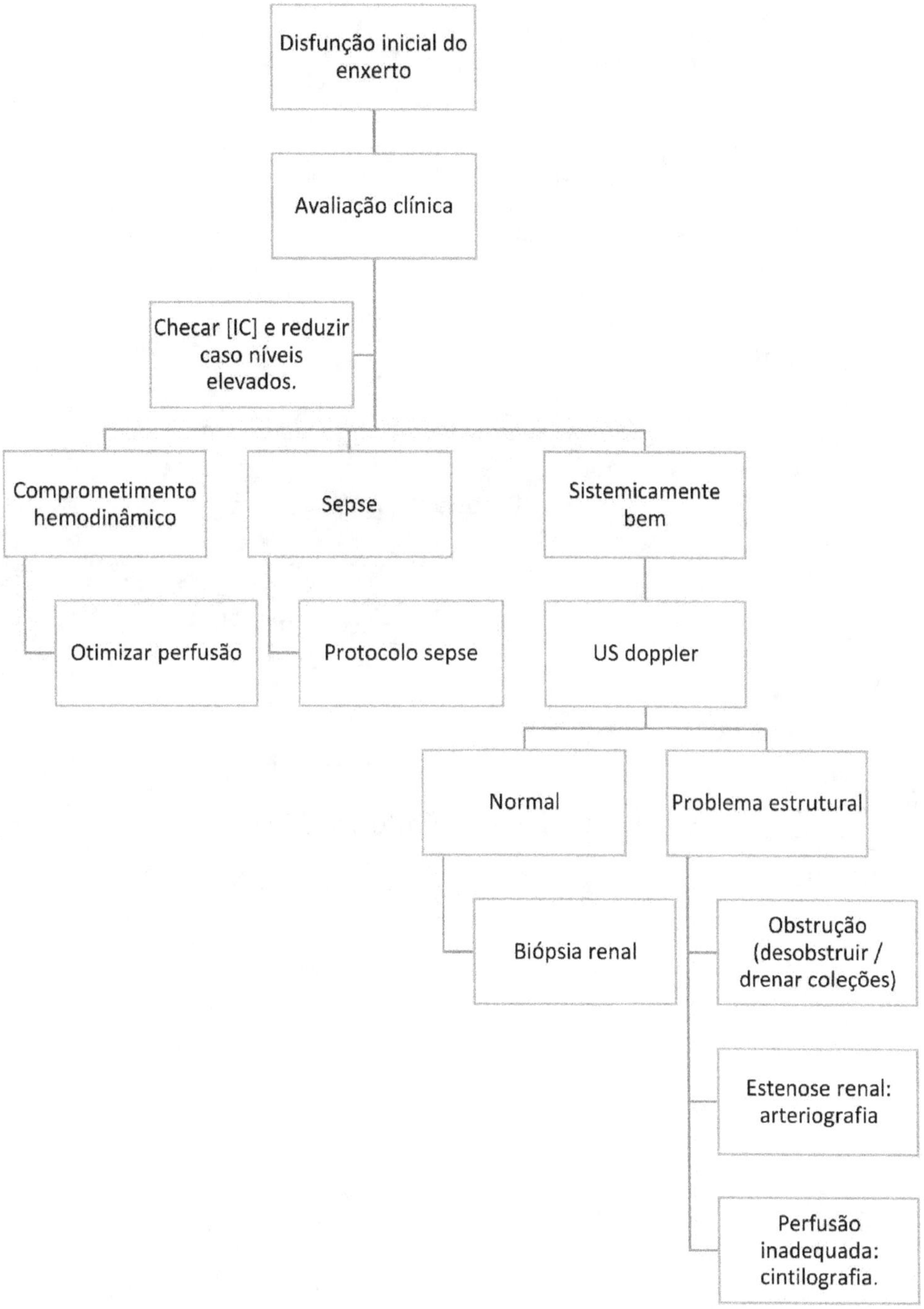

 FLUX010.Disfunção tardia do enxerto renal.

Disfunção tardia do enxerto renal.

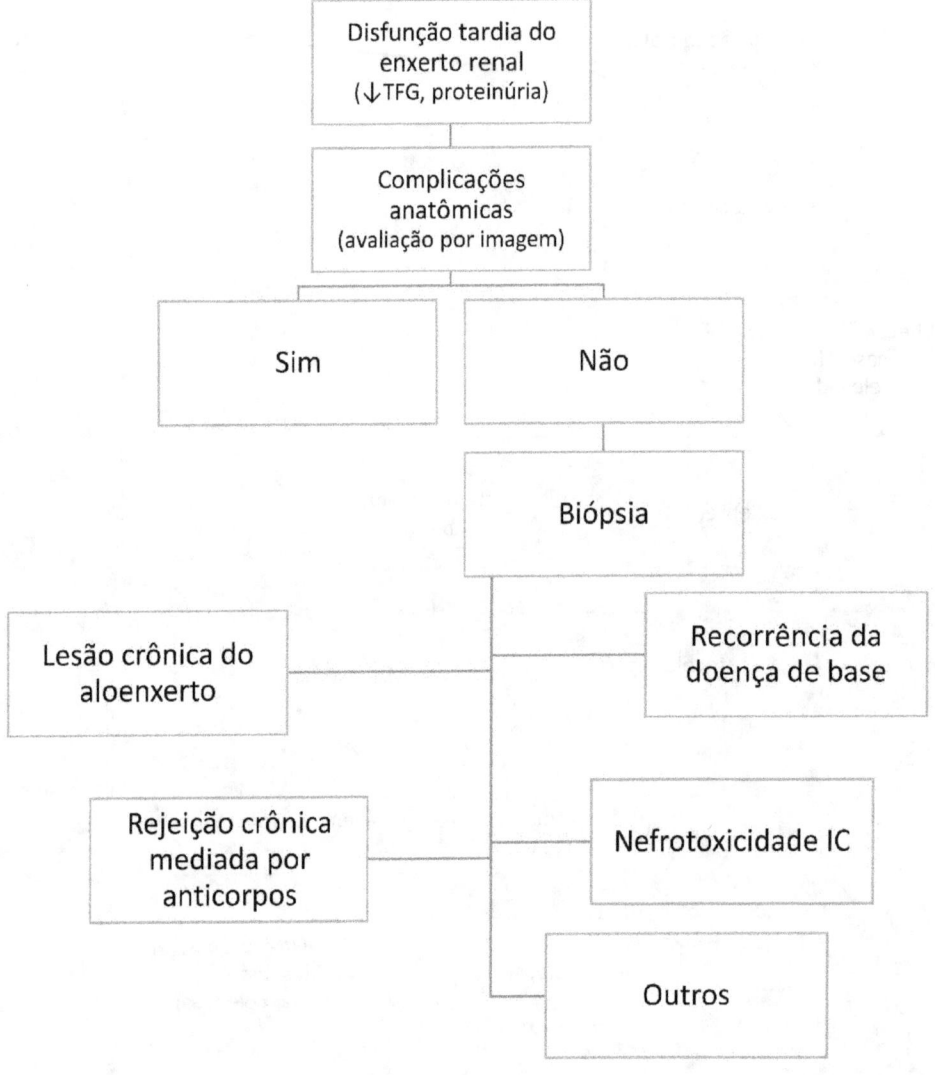

FLUX011. Infecção de sítio cirúrgico

Infecção de sítio cirúrgico

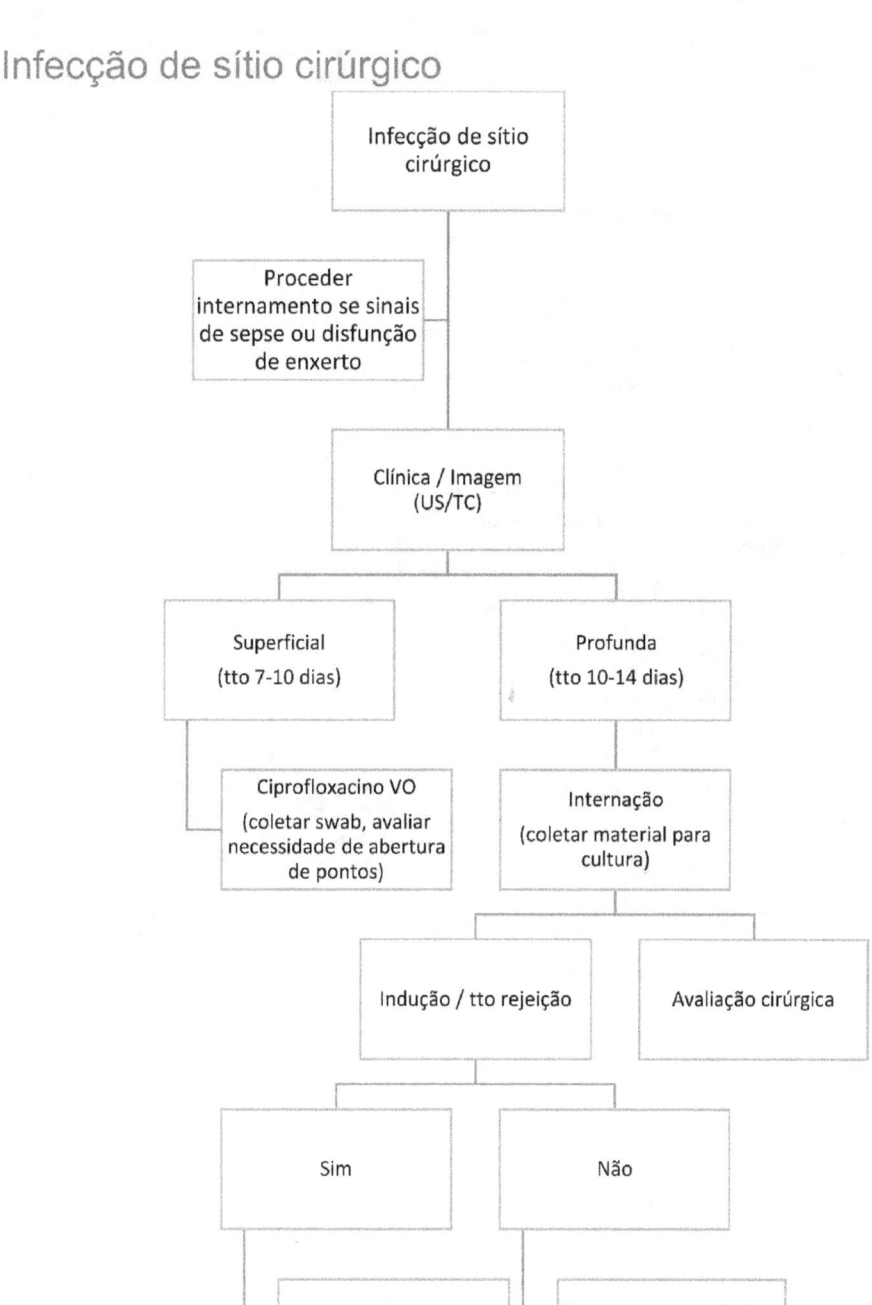

FLUX012. Admissão do paciente pós-transplante

Admissão do paciente no pós-transplante: doenças infecciosas.

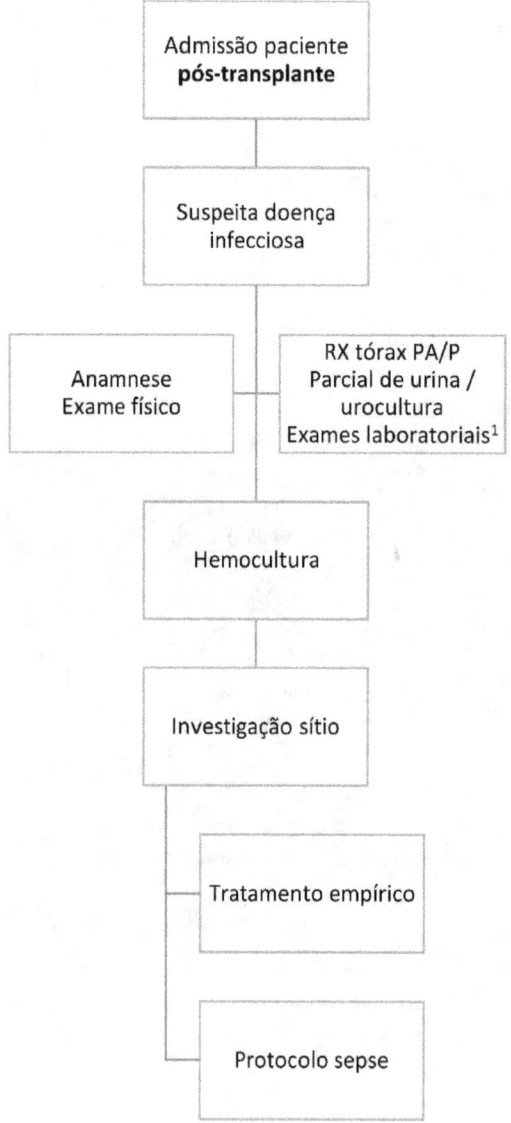

1. *Hemograma completo, creatinina, uréia, AST, ALT, bilirrubinas, LDH, TAP, sódio, potássio, lactato, gasometria arterial.*

 FLUX013. Disfunção inicial do enxerto hepático

Disfunção inicial do enxerto hepático.

- Alteração painel hepático → **US doppler**

Trombose de artéria hepática
- RNI elevado
- Elevação BT
- Acidose
- → Não funcionamento primário

Vascular OK / Sem coleções / Sem dilatação biliar
- RNI
  - Alterado → Não funcionamento primário
  - Normal → Biópsia hepática / HCV RNA / CMV PCR
    - **Sem alteração**
      - DGF (doador critérios expandidos)
      - Sepse
      - Toxicidade por drogas
      - Persistência alteração colestática após tratamento
      - → Imagem + sensível (CPRE, arteriografia)
        - Estenose biliar
        - Trombose portal
        - Vazamento biliar
        - Obstrução *outflow*
    - **Com alteração**
      - Rejeição aguda
      - CMV
      - EBV

Coleção / Dilatação biliar
- ColangioRNM (vazamento, estenose)
- AngioTAC

Revisado em: 10/03/2015 | 1 | www.cdto.med.br/wiki

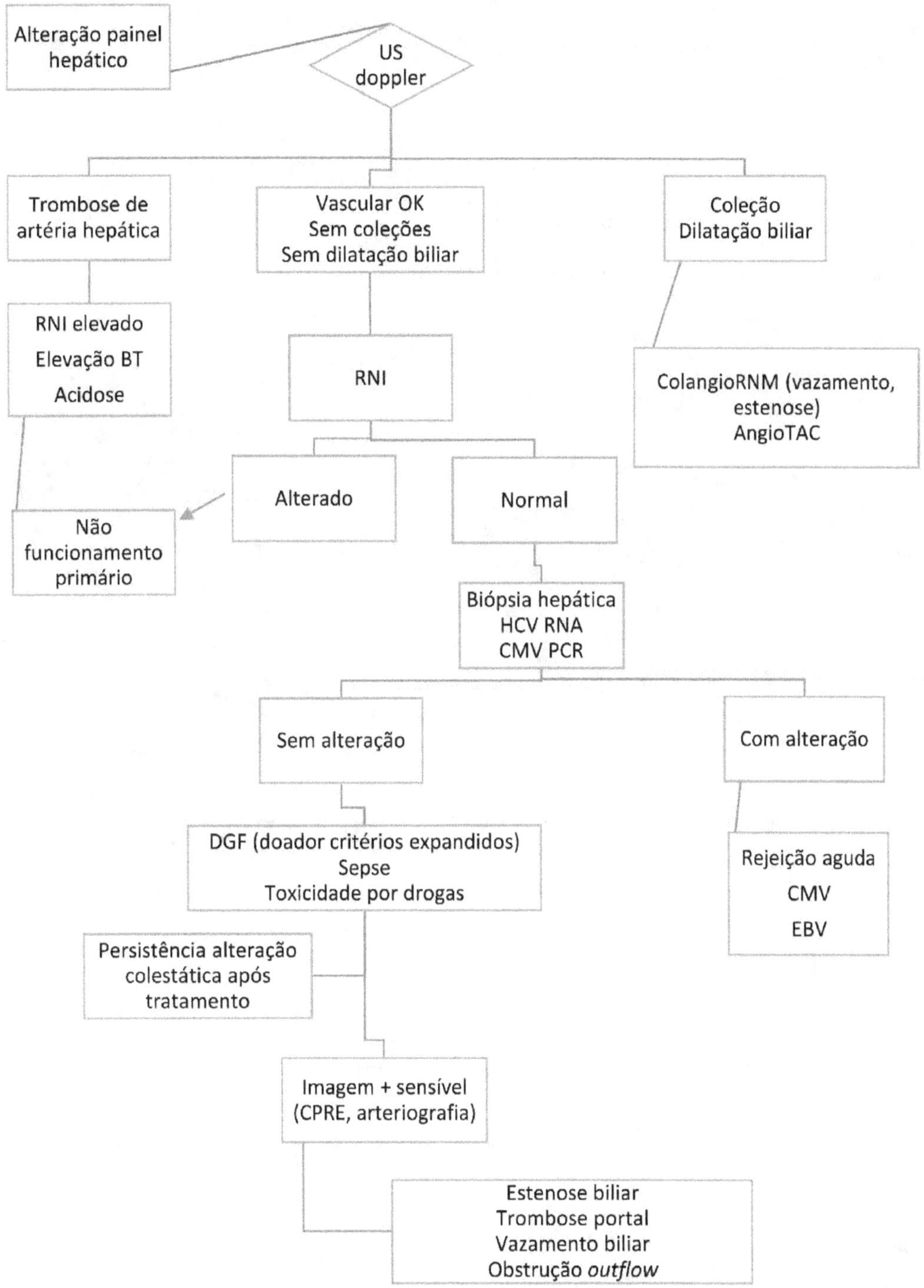

 FLUX014. Disfunção tardia do enxerto hepático

Disfunção tardia do enxerto hepático.

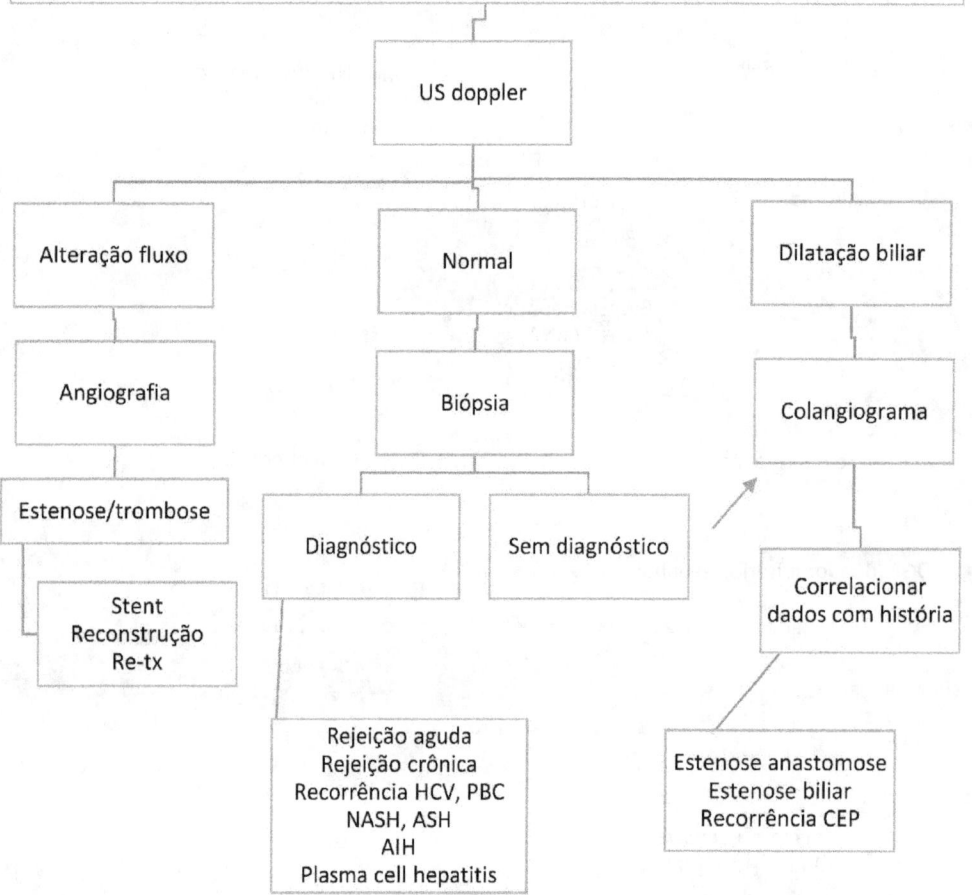

 FLUX015.Alta hospitalar

Alta hospitalar

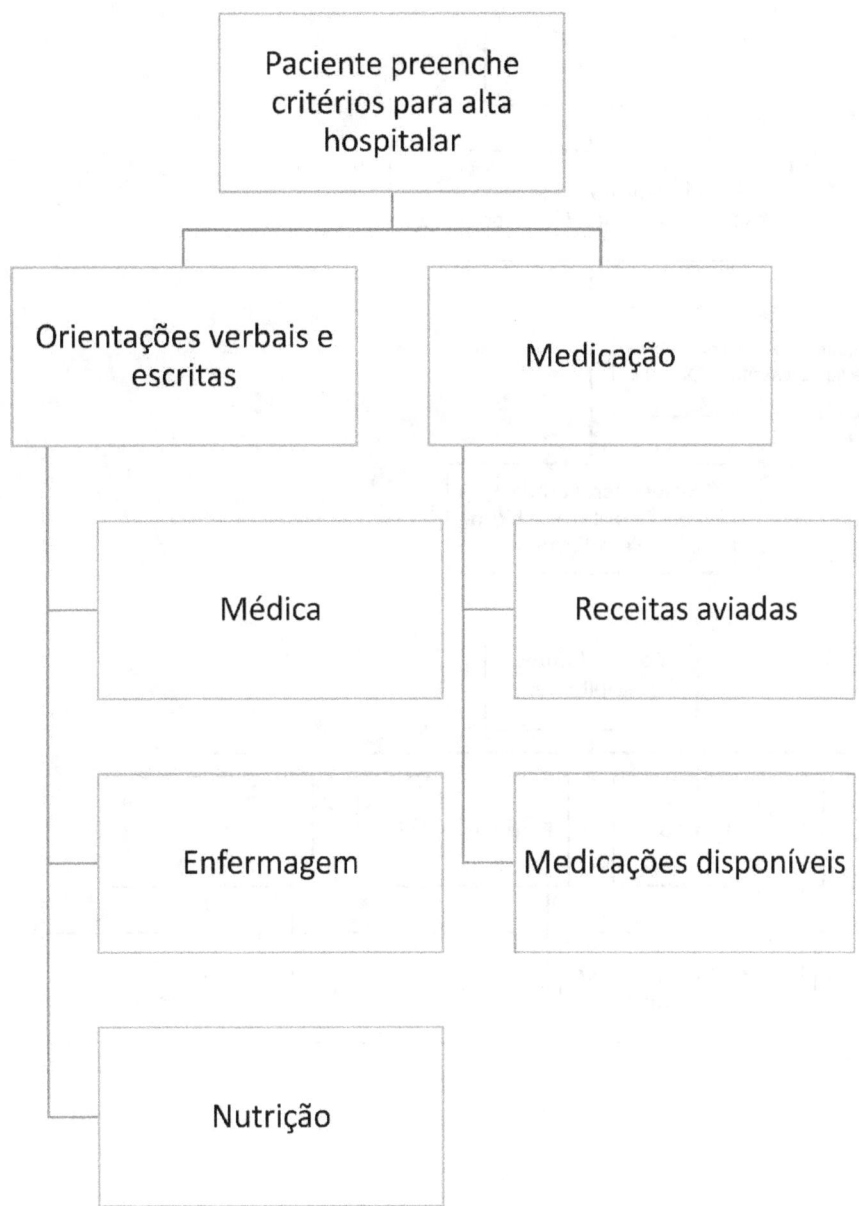

 FLUX016.Encefalopatia hepática

Encefalopatia hepática

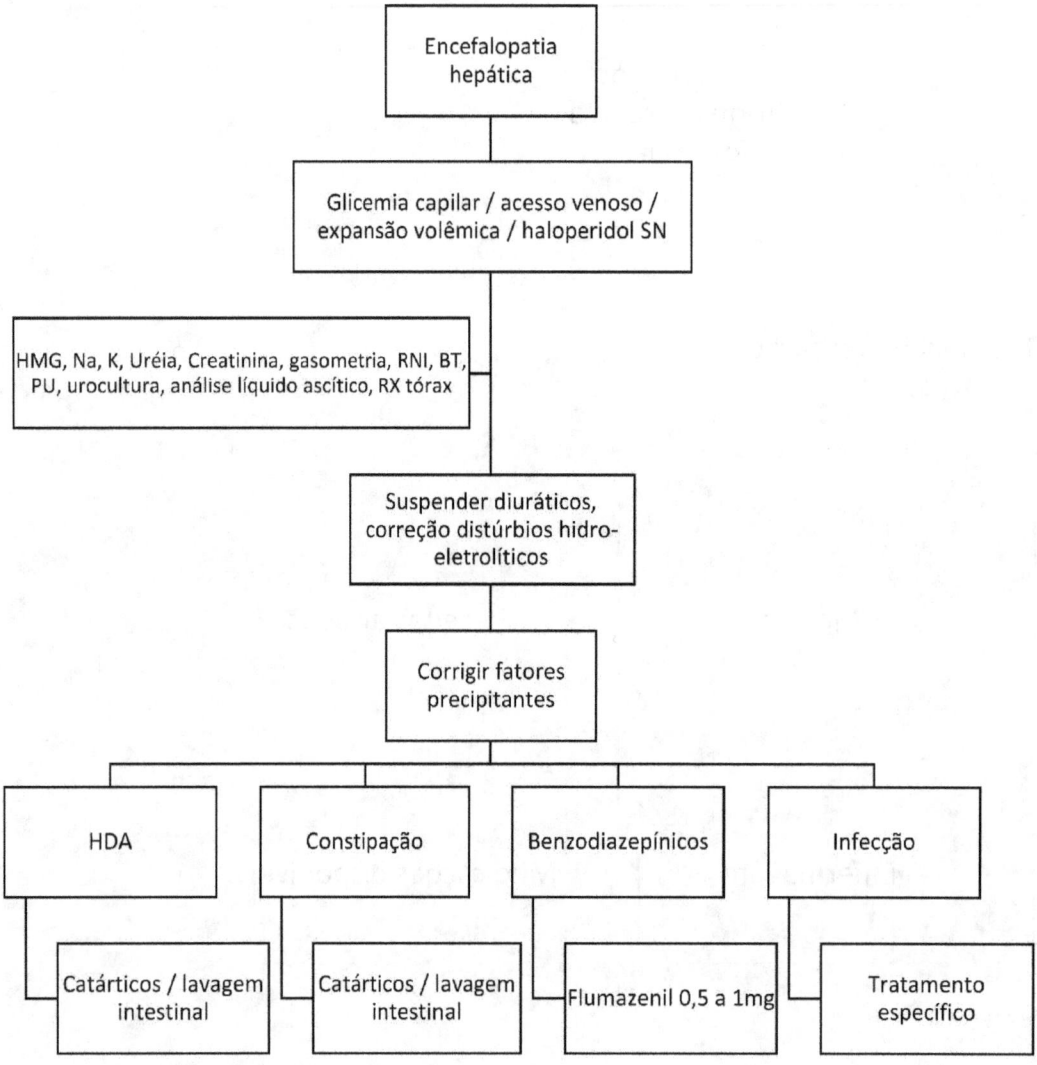

 FLUX017.Osteopenia

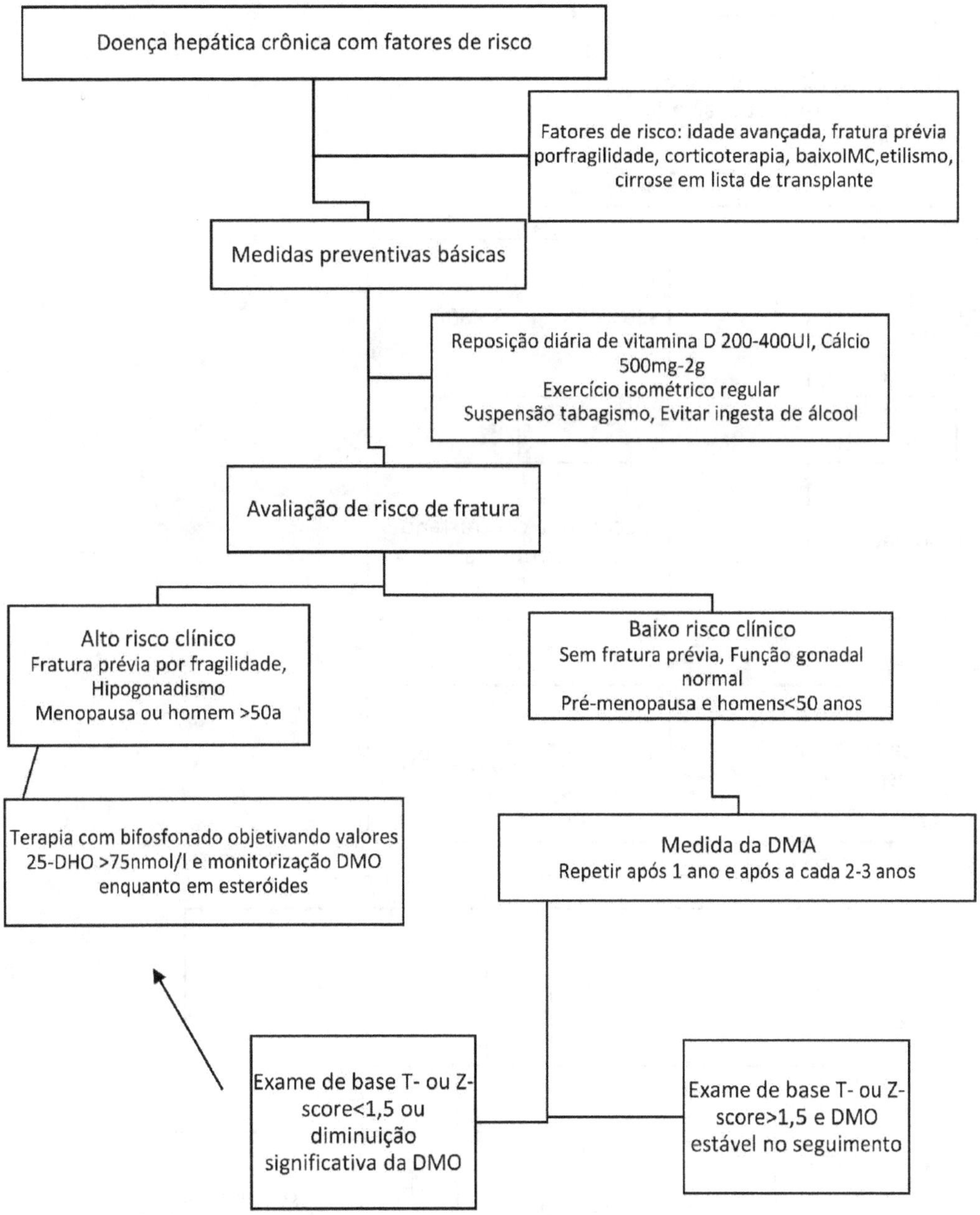

Osteopenia

```
Doença hepática crônica com fatores de risco
         │
         ├──────────────► Fatores de risco: idade avançada, fratura prévia
         │                por fragilidade, corticoterapia, baixo IMC, etilismo,
         │                cirrose em lista de transplante
         ▼
Medidas preventivas básicas
         │
         ├──────────────► Reposição diária de vitamina D 200-400UI, Cálcio
         │                500mg-2g
         │                Exercício isométrico regular
         │                Suspensão tabagismo, Evitar ingesta de álcool
         ▼
Avaliação de risco de fratura
         │
    ┌────┴────┐
    ▼         ▼
```

Alto risco clínico
Fratura prévia por fragilidade,
Hipogonadismo
Menopausa ou homem >50a

Baixo risco clínico
Sem fratura prévia, Função gonadal normal
Pré-menopausa e homens<50 anos

Terapia com bifosfonado objetivando valores 25-DHO >75nmol/l e monitorização DMO enquanto em esteróides

Medida da DMA
Repetir após 1 ano e após a cada 2-3 anos

Exame de base T- ou Z-score<1,5 ou diminuição significativa da DMO

Exame de base T- ou Z-score>1,5 e DMO estável no seguimento

Revisado em: 14/07/2015 — www.cdto.med.br/wiki

 FLUX018.Síndromehepatopulmonar

Síndrome hepatopulmonar

```
                    Cirrótico. Realizar SatO₂,
                       gasometria arterial
                    ┌──────────┴──────────┐
          Sat O₂>95%,                SatO₂<95%, PaO₂<80mmHg
          PaO2>80mmHg
               │                              │
          SHP pouco provável          Ecocardio contrastado
               │                          (microbolhas)
          Prosseguir com o            Bolhas após 3 batimentos
             transplante                    ┌─────┴─────┐
                                            Não         Sim
                                             │           │
                                   Investigar outras   Fração shunt com
                                      etiologias      cintilografia 99TcMAA*
```

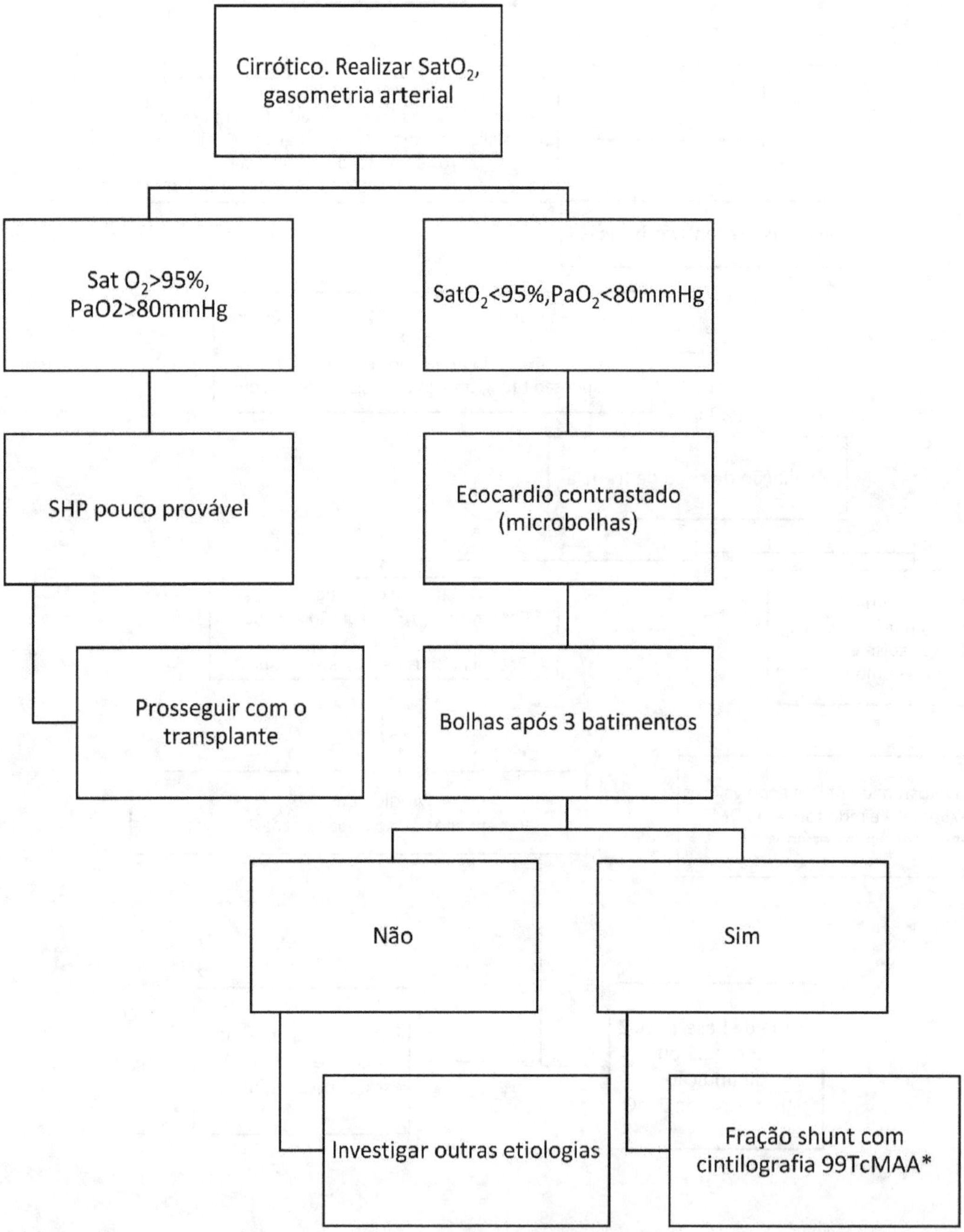

*<20% shunt: prosseguir com avaliação para tx; 20-40% com PaO2>60mmHg considerar manter indicação de tx; PaO2<50mmHg contra-indicado tx. Shunt >.40% contra-indica tx.

| Revisado em: 14/07/2015 | 1 | www.cdto.med.br/wiki |

 FLUX019.Protocolo de doadorvivo

Protocolo de doador vivo

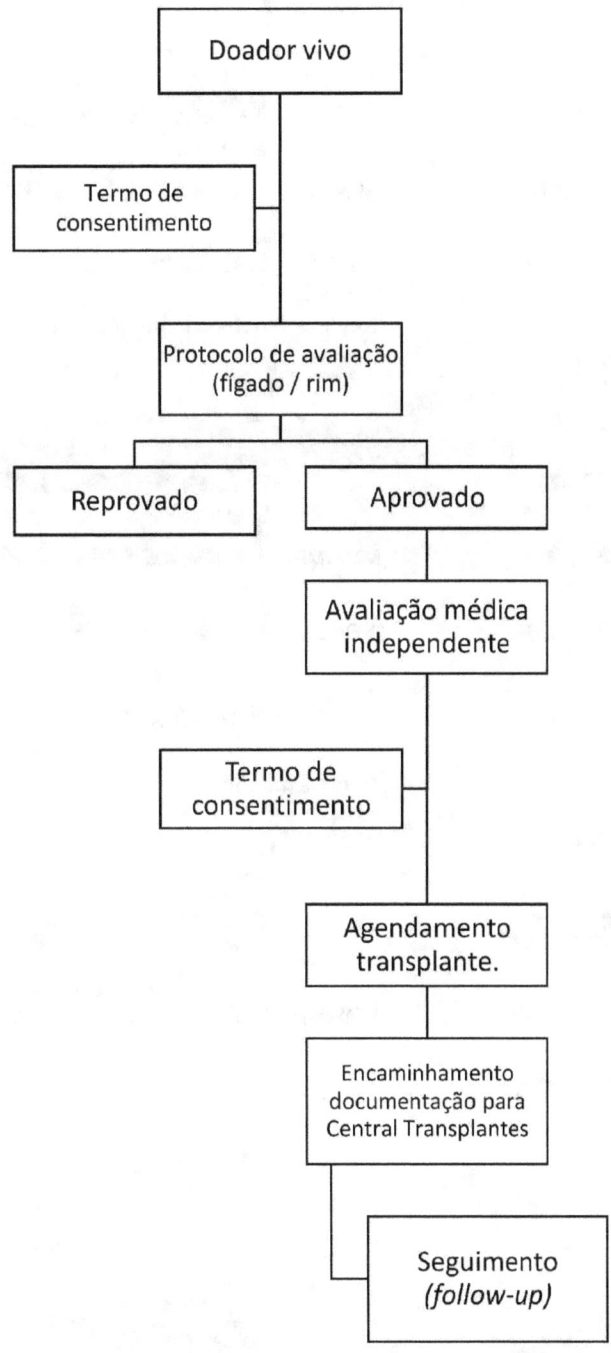

| Revisado em: 21/07/2015 | 1 | www.cdto.med.br/wiki |

FLUX020.Guidelines de imunossupressão

RIM

Regime padrão
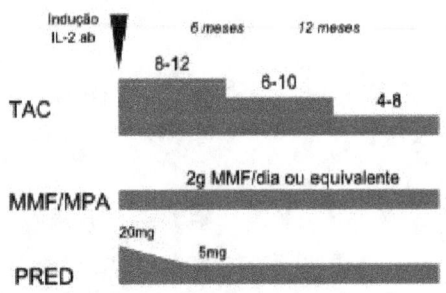

Regime alto risco imunológico
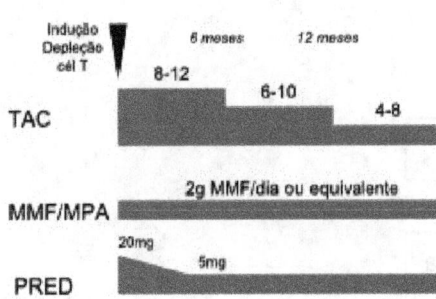

FÍGADO

Regime padrão
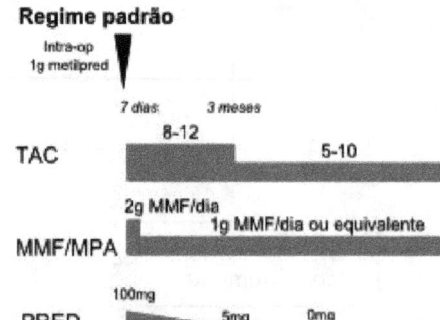

Regime alto risco imunológico (HAI, CEP)
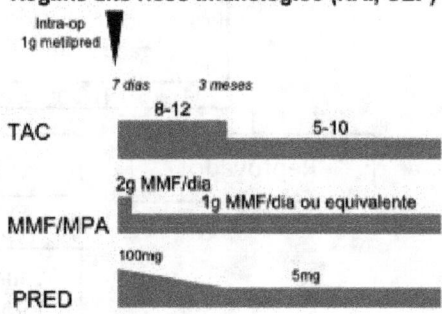

PÂNCREAS-RIM

Regime padrão
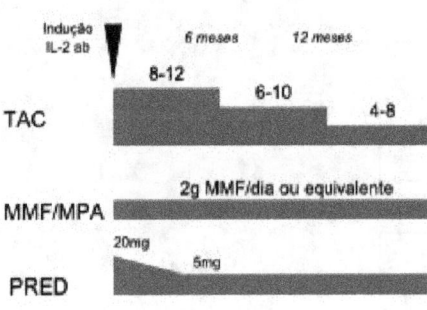

Regime alto risco imunológico
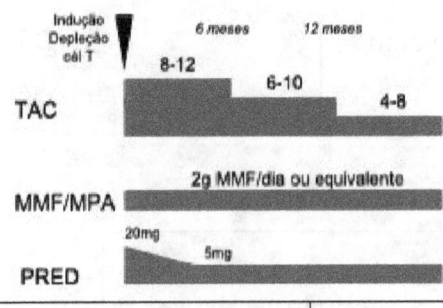

FÍGADO-RIM

Regime padrão
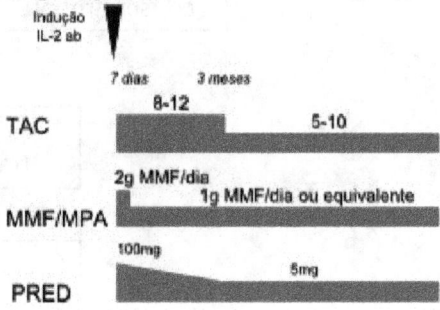

PÂNCREAS
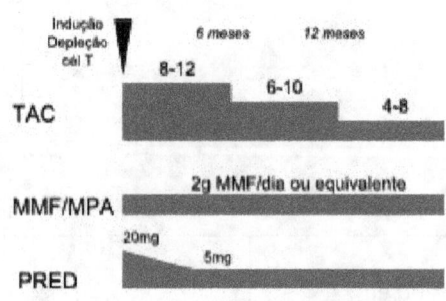

Revisado em: 21/07/2015 — www.cdto.med.br/wiki

 | CONS001.Avaliação pré transplante órgãos abdominais. |

Consentimento informado para avaliação pré transplante de órgãos abdominais.

Sei que a decisão de me submeter a um transplante pode ser extremamente difícil e confusa. E que o processo para transplantar um paciente é complexo e necessita de várias consultas médicas e exames.

Estou ciente que o transplante consiste em uma cirurgia onde um órgão com boa função, vindo de um doador cadáver ou doador vivo é colocado no meu corpo, para realizar a função de um órgão vital que não está funcionando bem.

Também sei que o transplante é um procedimento com riscos de complicações e risco de óbito.

Fui informado que o processo de transplante de órgão possui 4 fases:

- 1ª fase: avaliação pré transplante.
- 2ª fase: lista de espera por um órgão, quando o transplante for doador cadáver.
- 3ª fase: cirurgia para colocação do órgão.
- 4ª fase: cuidados médicos após o transplante, hábitos saudáveis e uso de medicação para combate à rejeição.

Estou ciente que este consentimento se refere apenas a primeira etapa, ou seja, avaliação pré transplante, que consiste em avaliação médica e psicossocial para saber se estou apto a me tornar um candidato a receber um órgão, seja entrando na fila de espera por um órgão de doador cadáver para transplante do Sistema Nacional de Transplantes (SNT) ou transplante com doador vivo. Sei que esta avalição faz parte das exigências do SNT e pode mostrar que não estou apto a receber um órgão.

Sei que serei submetido a avaliações médicas, para avaliação de meu estado atual de saúde e meu histórico de saúde. Além de exames de sangue, urina, pulmão e coração, exames de imagem mais específicos como ressonância magnética e ou tomografia computadorizada, dependendo da solicitação médica. Sei que serei submetido a exames para detectar doenças infecciosas transmissíveis como HIV, Hepatite B, C, Sífilis, entre outras. Em alguns casos pode ser necessário biópsia de órgãos. Fui informado que para realizar cada exame serei informado de seus riscos, bem como terei acesso ao consentimento informado de cada exame.

Entendi, que durante estes exames posso detectar doenças não conhecidas e que isto pode ter impacto em minha vida pessoal, profissional e em seguros / planos de saúde atuais ou a serem contratados no futuro, assim como seguro de vida.

Fui informado que a qualquer momento, pela avaliação médica, pode ser detectado que não estou apto a continuar o processo de transplante, os motivos serão relatados e o processo será interrompido, não sendo possível me

Revisado em: 19/07/2015

 CONS001. Avaliação pré transplante órgãos abdominais.

submeter a um transplante. Os critérios usados para classificar o paciente com apto ou não para receber um órgão são orientados pelo Sistema Nacional de Transplantes (SNT) e protocolos do serviço onde estou sendo atendido.

Também sei que a qualquer momento durante esta avaliação, estou livre para decidir, por qualquer motivo que não precisarei revelar, que não quero continuar o processo de avaliação, abandonando a idéia de ser submetido a um transplante.

Estou ciente que vou ser submetido a uma avaliação psicossocial, que pode contra indicar meu transplante, que irá avaliar:
- Se estou apto a dar o consentimento;
- Se compreendi os riscos, benefícios, e cuidados que terei de ter em todas as fases do processo de transplante;
- Se eu e minha família possuímos condições socioeconômicas e estamos aptos a suportar o estresse emocional, deste tipo de tratamento.

Sei que a avaliação pré-transplante não exclui um candidato a transplante devido a fatores como raça, etnia, religião, nacionalidade, gênero ou orientação sexual.

Assim, eu

_____,

CPF_____;

RG_____,

autorizo o serviço de transplante de figado do Hospital do Nossa Senhora do Rocio, a realizar a minha avaliação pré transplante para saber se estou apto a receber um órgao para transplante.

Campo Largo _____ de 20_____

Testemunha 1:

Testemunha 2:

Médico:

| Revisado em: 19/07/2015 | 2 | |

 | CONS002. Transplante de fígado – Cirurgia do receptor. |

Consentimento Informado para Transplante de Fígado – Cirurgia do Receptor

Eu _____,

CPF _____,

RG _____.

( ) Paciente

( ) Responsável – parentesco: _____

Declaro que:

Fui informado pela equipe medica de que as avaliações e os exames realizados revelaram os seguintes diagnósticos:

( ) Cirrose do fígado
( ) Câncer do fígado
( ) Insuficiência hepática aguda
( ) Outro: _____

Que foi explicado todas as possibilidades de tratamento, os riscos e benefícios de todas as alternativas de tratamentos, assim como os riscos e benefícios de não se tomar nenhuma atitude terapêutica.

Estou ciente que o tratamento proposto é o **Transplante de fígado**, que passei por toda a avaliação pré transplante de fígado e estou apto a fazer o procedimento.

Sei que estou em fila de espera para transplante de fígado com doador cadáver, do Sistema Nacional de Transplante (SNT), e que pude optar, após todas as explicações e esclarecimentos de dúvidas, em receber um órgão de um doador ideal ou com critérios expandidos, e que no caso da opção por critério expandido devo assinar um consentimento específico.

Fui orientado que mesmo recebendo um órgão de doador ideal, corro risco de adquirir doenças como HIV, Hepatite B, Hepatite C, entre outras doenças infecciosas conhecidas e ainda desconhecidas através do órgão recebido. Esse risco existe pois o doador pode apresentar exames negativos para estas doenças, mas estar em janela imunológica. Existe a possibilidade, apesar de todos os exames realizados no doador e fiscalizados pelo SNT, e da avaliação

Revisado em: 19/07/2015

 CONS002. Transplante de fígado – Cirurgia do receptor.

médica minuciosa do órgão a ser transplantado, deste órgão apresentar um tumor maligno após o transplante.

Recebi e li o material educacional **Transplante de fígado, e agora?** e tive a oportunidade de tirar todas minhas dúvidas com a equipe médica em relação ao transplante de fígado.

Sei que durante o procedimento de transplante de fígado poderão surgir situações ainda não diagnosticadas pelos exames realizados anteriormente e ainda poderão ocorrer situações imprevisíveis ou fortuitas.

Fui informado que para realizar o transplante vou receber anestesia, procedimento que será realizado por médico anestesiologista.

Recebi a explicação que o procedimento cirúrgico consiste com um corte de grande tamanho no abdome, com retirada do meu fígado doente e colocação do fígado do doador.

Sei que durante e após o transplante de fígado, podem ocorrer intercorrências como sangramento, infecção, problemas no coração, pulmão, rins, circulação sanguínea, não funcionamento do fígado transplantado, entupimento nas emendas das artérias e veias do paciente com o fígado transplantado, vazamento de bile, estreitamento do canal da bile, rejeição do fígado, infecção no fígado, retorno da doença inicial ao fígado transplantado, hérnia no local do corte, entre outros.

Fui informado que posso necessitar de outras cirurgias, hemodiálise, entre inúmeros procedimentos para tratar estas intercorrências, até de um novo transplante de fígado. Estes procedimentos serão realizados com novo consentimento, exceto nos casos de situações imprevisíveis emergenciais.

Estou ciente que durante e após o transplante posso necessitar transfusão de sangue e derivados, assim autorizo a transfusão de sangue e ou derivados conforme indicação médica.

Estou ciente que este é um procedimento de alta complexidade médica, que envolve risco de morte.

Sei que após o procedimento cirúrgico vou ficar internado em unidade de terapia intensiva (UTI) por tempo indeterminado, usando sondas e drenos conforme necessidade médica, após a alta da UTI fico internado em quarto de enfermaria no hospital também por tempo indeterminado. Após a alta hospital vou para casa tomando muitos remédios que são fundamentais na continuidade do tratamento e terei retorno frequente com os médicos da equipe de transplante.

Necessito usar medicação para evitar rejeição, imunossupressores, de forma permanente, estes remédios aumentam o risco de infecção, osteoporose, problemas renais, câncer, entre outros problemas, e possuem um consentimento informado próprio para cada medicamento.

Assim por livre iniciativa autorizo que o procedimento de **transplante de fígado** seja realizado como o exposto no presente termo, bem como outros procedimentos para solucionar situações imprevisíveis emergenciais, para os médicos da equipe de transplante de fígado do Hospital Nossa Senhora do

 CONS002. Transplante de fígado – Cirurgia do receptor.

Rocio, bem como seus assistentes ou profissionais por eles selecionados a intervir nos procedimentos de acordo com seu julgamento profissional, quanto a necessidade de co-participação.

Ainda permito a equipe medica do transplante de fígado, utilize seu julgamento técnico para que sejam alcançados os melhores resultados possíveis através dos recursos conhecidos na atualidade pela medicina e disponíveis no local onde se realiza o tratamento.

Tive a oportunidade de esclarecer todas as minhas dúvidas relativas ao procedimento após ter lido e compreendido todas as informações deste documento, antes da assinatura.

Campo Largo, _____ de _____ de _____

Assinatura_____

Testemunha 1 _____

Testemunha 2 _____

Médico_____.

 CONS003. Transplante de fígado – Critérios expandidos

CONSENTIMENTO INFORMADO PARA TRANSPLANTE DE FIGADO COM DOADOR DE ÓRGAO COM CRITÉRIOS EXPANDIDOS.

Eu_____

CPF _____

RG_____

RGT_____

Fui informado (a) e compreendi que:

O número de fígados disponibilizados para transplante no Brasil é menor do que a demanda de pacientes em fila de espera para um transplante hepático. Assim o índice de mortalidade em lista de espera para um transplante de fígado é relevante, fazendo com que o Sistema Nacional de Transplante disponibilize órgãos de doadores considerados não ideias para diminuir este problema.

Quando colocamos seu nome na lista de espera para transplante de fígado, o Sistema Nacional de Transplante solicita o preenchimento das características do doador de órgãos que vamos aceitar para o seu caso. Nosso serviço considera os doadores de fígado com as características descritas abaixo, como doadores de fígado com critérios expandidos ou não ideal:

- Idade maior que 60 anos
- 30 % do peso do receptor
- Peso máximo 150kg
- Uso de drogas inalatórias
- Uso de drogas injetáveis
- Fígado retirado até 20 horas do implante.
- Doador com doenças infecciosas similares ao do receptor – exemplo hepatite B ou hepatite C
- Creatinina sanguínea (função do rim) até 5,0
- Sódio no sangue até 200
- TGO e TGP (exames de fígado) até 800
- Bilirrubina no sangue até 5,0.
- Aceitar fígado de todo o Brasil

O uso de doadores não ideias consiste em um **aumento de riscos** de algumas complicações do transplante de fígado como:

- Não funcionamento do fígado transplantado
- Contaminação com doença infecciosa como hepatites e HIV

Revisado em: 19/07/2015		

 CONS003. Transplante de fígado – Critérios expandidos

- Menor durabilidade do órgão transplantado
Também um **aumento do risco** de mortalidade do procedimento.

Sei que meu diagnóstico é de _____,
MELD _____,
associado a _____.

Fui informado (a) e entendi:
- A gravidade e o risco de mortalidade do meu caso na espera de um transplante;
- Todos os riscos que me submeto ao aceitar doadores de fígados não ideais (critérios expandidos);
- Do risco especifico de cada critério expandido usado pelo Sistema Nacional de Transplante.

Estando ciente destas informações, aceito o transplante com o uso de fígado com critérios expandidos:

( ) Aceito todos os critérios.

( ) Sou portador do vírus da Hepatite_____ e aceito doador com vírus da hepatite_____.

( ) Aceito critérios expandidos exceto:
_____
_____
_____

Campo Largo, _____ de _____ de _____

_____ _____ _____
Nome Paciente   CPF   Assinatura

_____ _____ _____
Nome de testemunha   CPF   Assinatura

_____
Médico / CRM

| Revisado em: 19/07/2015 | 2 | |

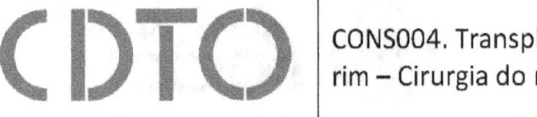 CONS004. Transplante de rim – Cirurgia do receptor

CONSENTIMENTO INFORMADO PARA TRANSPLANTE DE RIM – CIRURGIA DO RECPTOR

Eu _____,

CPF_____,

RG_____.

( ) Paciente

( ) Responsável – parentesco_____

Declaro que:

Fui informado pela equipe medica de que as avaliações e os exames realizados revelaram que eu apresento o diagnóstico de Insuficiência Renal Crônica.

Que foi explicado todas as possibilidades de tratamento, os riscos e benefícios de todas as alternativas de tratamento, bem como o risco e benefício de não se tomar nenhuma atitude terapêutica.

Estou ciente que o tratamento proposto é o **transplante de rim**, que passei por toda a avaliação pré transplante de rim, e estou apto a ser submetido ao procedimento.

Sei que estou em fila de espera por um órgão de doador cadáver, do Sistema Nacional de Transplante (SNT), pude optar, após todas as explicações e esclarecimentos de dúvidas, em receber um órgão de um doador ideal ou com critérios expandidos. No caso da opção por doador de critério expandido devo assinar um consentimento específico.

Fui orientado que mesmo recebendo um órgão de doador ideal cadavérico, corro risco de adquirir doenças como HIV, Hepatite B, Hepatite C, entre outras doenças infecciosas conhecidas e ainda desconhecidas, através do órgão recebido. Esse risco existe pois o doador pode apresentar exames negativos para estas doenças, mas estar em janela imunológica. Existe a possibilidade, apesar de todos os exames realizados no doador pela SNT, e na avaliação médica minuciosa do órgão a ser transplantado, deste órgão apresentar um tumor maligno após o transplante.

Fui informado que tenho a possibilidade de realizar o transplante renal com doador vivo, soube dos benefícios e riscos desta modalidade de transplante.

Sei que necessito de um doador vivo com as características necessárias para meu caso e ainda disposto a doar o rim por livre e espontânea vontade, sem ganho diretos ou indiretos com o procedimento.

| Revisado em: 19/07/2015 | 1 | |

 CONS004. Transplante de rim – Cirurgia do receptor

Sei que o doador vivo foi submetido a avaliação médica pré transplante do doador renal vivo e está apto a doar, e suas características se encaixam no protocolo do serviço que estou sendo tratada.

Estou ciente que minha modalidade de transplante renal é:

( ) Transplante renal doador cadáver

( ) Transplante renal doador vivo

Sei que durante o procedimento de transplante de rim poderão apresentar-se situações ainda não diagnosticadas pelos exames realizados anteriormente e ainda poderão ocorrer situações imprevisíveis ou fortuitas.

Fui informado que para realizar o transplante vou receber anestesia, procedimento que será realizado por médico anestesiologista.

Recebi a explicação que o procedimento cirúrgico consiste com um corte no abdome, com colocação de um rim proveniente do doador na pelve.

Sei que durante e após o transplante de rim podem ocorrer intercorrências como sangramento, infecção, problemas no coração, pulmão, fígado, circulação sanguínea, além de não funcionamento do rim transplantado, entupimento nas emendas das artérias e veias do paciente com rim transplantado, vazamento de urina, estreitamento do canal da urina, rejeição do rim, infecção no rim, infecção urinária, retorno da doença inicial ao rim transplantado, hérnia no local do corte, entre outros.

Fui informado que posso necessitar de outras cirurgias, hemodiálise, entre inúmeros procedimentos para tratar estar intercorrências, até de um novo transplante de rim. Estes procedimentos serão realizados com novo consentimento, exceto nos casos de situações imprevisíveis emergenciais.

Estou ciente que durante e após o transplante posso necessitar transfusão de sangue e derivados, assim autorizo a transfusão de sangue e ou derivados conforme indicação médica.

Estou ciente que este é um procedimento de alta complexidade médica, que envolve risco de morte.

Sei que após o procedimento cirúrgico vou ficar internado em unidade de terapia intensiva (UTI) por tempo indeterminado, usando sondas e drenos conforme necessidade médica. Após a saída da UTI fico internado em quarto de enfermaria no hospital também por tempo indeterminado. Após a alta hospitalar vou para casa tomando muitos remédios que são fundamentais na continuidade do tratamento e terei retorno frequente com os médicos da equipe de transplante.

Necessito usar medicação para evitar rejeição, imunossupressores, de forma permanente, estes remédios aumentam o risco de infecção, osteoporose, problemas renais, câncer, entre outros problemas e possuem um consentimento informado próprio para cada medicamento.

 CONS004. Transplante de rim – Cirurgia do receptor

Assim por livre iniciativa autorizo que o procedimento de **transplante de rim** seja realizado como o exposto no presente termo, bem como outros procedimentos para solucionar situações imprevisíveis emergenciais, para os médicos da equipe de transplante renal do Hospital Nossa Senhora do Rocio, bem como seus assistentes ou profissionais por eles selecionados a intervir nos procedimentos de acordo com seu julgamento profissional, quanto a necessidade de co-participação.

Ainda permito a equipe médica do transplante renal, utilize seu julgamento técnico para que sejam alcançados os melhores resultados possíveis através dos recursos conhecidos na atualidade pela medicina e disponíveis no local onde se realiza o tratamento.

Tive a oportunidade de esclarecer todas as minhas dúvidas relativas ao procedimento após ter lido e compreendido todas as informações deste documento, antes da assinatura.

Campo Largo_____ de _____ de _____

Assinatura_____

Testemunha 1 _____

Testemunha 2_____

Médico_____

 CONS005. Transplante de rim – Critérios expandidos

CONSENTIMENTO INFORMADO PARA TRANSPLANTE DE RIM COM DOADOR DE ÓRGAO COM CRITÉRIOS EXPANDIDOS.

Eu_____
CPF _____
RG_____RGCT_____

Fui informado (a) e compreendi que:

O número de rins disponibilizados para transplante no Brasil é menor do que a demanda de pacientes em fila de espera para um transplante renal. Assim o índice de mortalidade e de complicações em lista de espera para um transplante renal é relevante, fazendo com que o Sistema Nacional de Transplante disponibilize órgãos de doadores considerados não ideias para diminuir este problema.

Quando colocamos seu nome na lista de espera para transplante de rim, o Sistema Nacional de Transplante solicita o preenchimento das características do doador de órgãos que vamos aceitar para o seu caso. O Sistema Nacional de Transplantes considera como doador renal com critério expandido:

1) Doadores com critérios expandidos quanto à função renal:
    a) doadores com mais de 60 anos, ou doadores entre 50 e 59 anos com 2 dos 3 critérios abaixo:
        (i) hipertensão;
        (ii) nível de creatinina superior a 1,5 mg/dL ou depuração de creatinina estimada - DCE (Cockroft/Gault) entre 50 e 70 mL/min/m² no início do atendimento;
        (iii) acidente vascular cerebral (AVC) hemorrágico como causa de morte;
    b) doador falecido pediátrico com peso menor ou igual 15 kg ou idade menor que ou igual a 3 anos, que deve ser considerado para transplante de rins em bloco;

(2) Doadores com critérios expandidos quanto ao potencial de transmissão de doenças:
    (a) Hepatite B: rins de doadores com anti-HBctotal (+) positivo isolado, HBsAg e Anti-HBs (-) negativo poderão ser oferecidos para potenciais receptores Anti-HBs positivo (+) ou HBsAg positivo (+) e a Rins de doadores HBsAg positivo (+) poderão, a critério da equipe de transplante, ser oferecidos para potenciais receptores Anti-Hbs positivo (+) ou HBsAg positivo (+);
    (b) hepatite C: rins de doadores HCV positivo (+) somente poderão ser oferecidos para potenciais receptores com HCV positivo (+); e

(3) Doadores com critérios expandidos quanto a outras situações:

 CONS005. Transplante de rim – Critérios expandidos

- a) rins com anomalias anatômicas/histológicas

O uso de doadores não ideias consiste em um **aumento de riscos** de algumas complicações do transplante de rim como:
- Não funcionamento do rim transplantado
- Contaminação com doença infecciosa como hepatites e HIV
- Menor durabilidade do órgão transplantado

Também um **aumento do risco** de mortalidade do procedimento.

Sei que meu diagnóstico é de _____,
associado a _____,

Fui informado (a) e entendi:
- A gravidade e o risco de mortalidade do meu caso na espera de um transplante.
- Todos os riscos que me submeto ao aceitar doadores de rim não ideias,
- Do risco especifico de cada critério expandido usado pelo Sistema Nacional de Transplante.

Estando ciente destas informações, aceito o transplante com o uso de rim com critérios expandidos:

( ) Aceito todos os critérios.

( ) Sou portador do vírus da Hepatite_____ e aceito doador com vírus da hepatite_____.

( ) Aceito critérios expandidos exceto:
_____
_____
_____

Campo Largo, _____, de _____, 20_____

_____
Nome Paciente / CPF / Assinatura

_____
Nome testemunha / CPF /Assinatura

_____
Médico / CRM

| Revisado em: 19/07/2015 | 2 | |

 CONS006. Transplante duplo de pâncreas e rim – Cirurgia do receptor

Consentimento Informado para Transplante Duplo de Pâncreas e Rim – Cirurgia do Receptor

Eu _____,

CPF_____,RG_____.

( ) Paciente
( ) Responsável – parentesco_____
Declaro que:

Fui informado pela equipe médica de que as avaliações e os exames realizados revelaram que eu apresento o diagnóstico de Insuficiência Renal Crônica e diabetes mellitus tipo 1.

Que foi explicado todas as possibilidades de tratamento, e os riscos e benefícios de todas as alternativas de tratamentos, bem como o risco e benefício de não se tomar nenhuma atitude terapêutica.

Estou ciente que o tratamento proposto é o **transplante duplo de pâncreas e rim,** e que passei por toda a avaliação pré transplante duplo de pâncreas e rim, estando apto a fazer o procedimento.

Sei que estou em fila de espera por um órgão cadáver, do Sistema Nacional de Transplante (SNT) listado para receber um órgão de um doador ideal.

Fui orientado que mesmo recebendo um órgão de doador ideal cadavérico, corro risco de adquirir doenças como HIV, Hepatie B, Hepatite C, entre outras doenças infecciosas conhecidas e ainda desconhecidas através do órgão recebido. Esse risco existe pois o doador pode apresentar exames negativos para estas doenças, mas estar em janela imunológica. Existe a possibilidade, apesar de todos os exames realizados no doador pela SNT, e na avaliação médica minuciosa do órgão a ser transplantado, deste órgão apresentar um tumor maligno após o transplante.

Sei que durante o procedimento de transplante duplo de pâncreas e rim poderão apresentar-se situações ainda não diagnosticadas pelos exames

| Revisado em: 19/07/2015 | 1 | |

 CONS006. Transplante duplo de pâncreas e rim – Cirurgia do receptor

realizados anteriormente e ainda poderão ocorrer situações imprevisíveis ou fortuitas.

Fui informado que para realizar o transplante vou receber anestesia, procedimento que será realizado por médico anestesiologista.

Recebi a explicação que o procedimento cirúrgico consiste em um corte em meu abdome, com colocação de um pâncreas e rim proveniente do doador no meu abdome.

Sei que durante e após o transplante de pâncreas e rim podem ocorrer intercorrências como sangramento, infecção, problemas no coração, pulmão, fígado, circulação sanguínea, além de não funcionamento do rim transplantado, do pâncreas transplantado ou de ambos, entupimento nas emendas das artérias e veias do paciente com rim transplantado, e ou com o pâncreas transplantado, vazamento de urina, vazamento de secreção intestinal, estreitamento do canal da urina, rejeição do rim e ou pâncreas, infecção no rim e ou pâncreas, infecção urinária, hérnia no local do corte, abscesso dentro do abdome, entre outros.

Fui informado que posso necessitar de outras cirurgias, hemodiálise, entre inúmeros procedimentos para tratar estas intercorrências, até de um novo transplante, ou remoção dos órgãos transplantados. Estes procedimentos serão realizados com novo consentimento, exceto nos casos de situações imprevisíveis emergenciais.

Estou ciente que durante e após o transplante posso necessitar transfusão de sangue e derivados, assim autorizo a transfusão de sangue e ou derivados conforme indicação médica.

Estou ciente que este é um procedimento de alta complexidade médica, que envolve risco de morte.

Sei que após o procedimento cirúrgico vou ficar internado em unidade de terapia intensiva (UTI) por tempo indeterminado, usando sondas e drenos conforme necessidade médica. Após saída da UTI fico internado em quarto de enfermaria no hospital também por tempo indeterminado. Após a alta hospitalar

 CONS006. Transplante duplo de pâncreas e rim – Cirurgia do receptor

vou para casa tomando muitos remédios que são fundamentais na continuidade do tratamento e terei retorno frequente com os médicos da equipe de transplante.

Necessito usar medicação para evitar rejeição, imunossupressores, de forma permanente, estes remédios aumentam o risco de infecção, osteoporose, problemas renais, câncer, entre outros problemas, e possuem um consentimento informado próprio para cada medicamento.

Assim por livre iniciativa autorizo que o procedimento de **transplante duplo de pâncreas e rim** sejam realizados como o exposto no presente termo, bem como outros procedimentos para solucionar situações imprevisíveis emergenciais, para os médicos da equipe de transplante pâncreas e rim do Hospital Nossa Senhora do Rocio, bem como seus assistentes ou profissionais por eles selecionados a intervir nos procedimentos de acordo com seu julgamento profissional, quanto a necessidade de co-participação.

Ainda permito a equipe médica do transplante pâncreas e rim, utilize seu julgamento técnico para que sejam alcançados os melhores resultados possíveis através dos recursos conhecidos na atualidade pela medicina e disponíveis no local onde se realiza o tratamento.

Tive a oportunidade de esclarecer todas as minhas dúvidas relativas ao procedimento após ter lido e compreendido todas as informações deste documento, antes da assinatura.

Campo Largo_____ de _____ de _____

Assinatura_____

Testemunha 1 _____

Testemunha 2_____

Médico_____

| Revisado em: 19/07/2015 | 3 | |

 CONS006. Transplante duplo de pâncreas e rim – Cirurgia do receptor

Consentimento Informado para Transplante de Pâncreas Isolado – Cirurgia do Receptor

Eu _____,
CPF_____,
RG_____.

( ) Paciente
( ) Responsável – parentesco_____

Declaro que:
Fui informado pela equipe medica de que as avaliações e os exames realizados revelaram que eu apresento o diagnóstico de diabetes mellitus tipo 1 com as seguintes complicações_____

Que foi me explicado todas as possibilidades de tratamento, e os riscos e benefícios de todas as alternativas de tratamentos, bem como o risco e benefício de não se tomar nenhuma atitude terapêutica.

Estou ciente que o tratamento proposto é o **transplante de pâncreas**, e que passei por toda a avaliação pré transplante de pâncreas, estando apto a fazer o procedimento.

Sei que estou em fila de espera por um órgão cadáver, do Sistema Nacional de Transplante (SNT) listado para receber um órgão de um doador ideal.

Fui orientado que mesmo recebendo um órgão de doador ideal cadavérico, corro risco de adquirir doenças como HIV, Hepatie B, Hepatite C, entre outras doenças infecciosas conhecidas e ainda desconhecidas, através do órgão recebido. Esse risco existe pois o doador pode apresentar exames negativos para estas doenças, mas estar em janela imunológica. Existe a possibilidade, apesar de todos os exames realizados no doador pela SNT, e na avaliação médica minuciosa do órgão a ser transplantado, deste órgão apresentar um tumor maligno após o transplante.

| Revisado em: 19/07/2015 | 1 | |

 CONS006. Transplante duplo de pâncreas e rim – Cirurgia do receptor

Sei que durante o procedimento de transplante de pâncreas poderão apresentar-se situações ainda não diagnosticadas pelos exames realizados anteriormente e ainda poderão ocorrer situações imprevisíveis ou fortuitas.

Fui informado que para realizar o transplante vou receber anestesia, procedimento que será realizado por médico anestesiologista.

Recebi a explicação que o procedimento cirúrgico consiste com um corte no abdome, com colocação de um pâncreas proveniente do doador no meu abdome.

Sei que durante e após o transplante de pâncreas podem ocorrer intercorrências como sangramento, infecção, problemas no coração, pulmão, fígado, circulação sanguínea, além de não funcionamento do pâncreas transplantado, entupimento nas emendas das artérias e veias do paciente com o pâncreas transplantado, vazamento de secreção intestinal, rejeição pâncreas, infecção no pâncreas, hérnia no local do corte, abscesso dentro do abdome, entre outros.

Fui informado que posso necessitar de outras cirurgias, hemodiálise, entre inúmeros procedimentos para tratar estar intercorrências, até de um novo transplante, ou remoção do órgão transplantado. Estes procedimentos serão realizados com novo consentimento, exceto nos casos de situações imprevisíveis emergenciais.

Estou ciente que durante e após o transplante posso necessitar transfusão de sangue e derivados, assim autorizo a transfusão de sangue e ou derivados conforme indicação médica

Estou ciente que este é um procedimento de alta complexidade médica, que envolve risco de morte.

Sei que após o procedimento cirúrgico vou ficar internado em unidade de terapia intensiva (UTI) por tempo indeterminado, usando sondas e drenos conforme necessidade médica. Após a saída da UTI fico internado em quarto de enfermaria no hospital também por tempo indeterminado. Após a alta hospitalar

 CONS006. Transplante duplo de pâncreas e rim – Cirurgia do receptor

vou para casa tomando muitos remédios que são fundamentais na continuidade do tratamento e terei retorno frequente com os médicos da equipe de transplante.

Necessito usar medicação para evitar rejeição, imunossupressores, de forma permanente, estes remédios aumentam o risco de infecção, osteoporose, problemas renais, câncer, entre outros problemas e possuem um consentimento informado próprio para cada medicamento.

Assim por livre iniciativa autorizo que o procedimento de **transplante de pâncreas** seja realizado como o exposto no presente termo, bem como outros procedimentos para solucionar situações imprevisíveis emergenciais, para os médicos da equipe de transplante de pâncreas do Hospital Nossa Senhora do Rocio, bem como seus assistentes ou profissionais por eles selecionados a intervir nos procedimentos de acordo com seu julgamento profissional, quanto a necessidade de co-participação.

Ainda permito a equipe medica do transplante de pâncreas, utilize seu julgamento técnico para que sejam alcançados os melhores resultados possíveis através dos recursos conhecidos na atualidade pela medicina e disponíveis no local onde se realiza o tratamento.

Tive a oportunidade de esclarecer todas as minhas dúvidas relativas ao procedimento após ter lido e compreendido todas as informações deste documento, antes da assinatura.

Campo Largo_____ de _____de _____

Assinatura_____

Testemunha 1 _____

Testemunha 2_____

Médico_____

 | CONS008. Doador vivo – fígado – avaliação pré-transplante. |

Consentimento informado para avaliação pré transplante de doador vivo de parte de fígado para transplante intervivos de fígado.

Eu_____,

RG_____.

CPF_____,

Estou querendo doar parte do meu fígado para o paciente _____,

que apresenta doença hepática em estágio final devido a_____.

Ainda, confirmo que estou querendo doar parte do meu fígado sem estar sendo pressionado ou coagido para isto, e não estou tendo, e não pretendo ganho secundário algum ou financeiro com a doação de parte do meu fígado.

Sei que a para doar parte do meu fígado, serei submetido a uma cirurgia de grande porte, com riscos de transfusão de sangue, complicações cirúrgicas diversas, e risco de óbito.

Fui informado que o paciente que necessita do transplante:

( ) está listado para transplante com doador cadáver no Sistema Nacional de Transplantes (SNT), porém a equipe médica em conjunto com o paciente e/ou sua família, decidiram por transplante de fígado com doador vivo devido a gravidade da doença e o risco de mortalidade em lista de espera.

| Revisado em: 19/07/2015 | 1 | |

 CONS008. Doador vivo – fígado – avaliação pré-transplante.

( ) não está listado para transplante com doador cadáver no SNT, devido a doença do paciente estar fora de critérios para transplante com doador cadáver no SNT.

Sei que para ser um doador vivo parte de fígado para transplante, tenho que entender bem as 2 etapas a que serei submetido e seus riscos:

- **Primeira etapa:** avaliação médica e psicossocial para decidir se posso doar parte de meu fígado.
- **Segunda etapa:** a cirurgia que removerá parte de meu fígado.

Fui informado que este consentimento se refere apenas a primeira etapa, ou seja, a avaliação médica e psicossocial para saber se posso ser um doador.

Estou ciente que serei submetido a uma consulta médica, para avaliação de meu estado atual de saúde e meu histórico de saúde. Além de exames de sangue, urina, pulmão e coração, exames de imagem mais específicos como ressonância magnética e ou tomografia computadorizada, dependendo da solicitação médica.

Sei que serei submetido a exames para detectar doenças infecciosas transmissíveis como HIV, Hepatite B, C, Sífilis, entre outras. Em alguns casos pode ser necessário biópsia de fígado para avaliação do doador. Fui informado que para realizar cada exame, serei informado de seus riscos, bem como terei acesso ao consentimento informado de cada exame.

Entendi, que durante estes exames posso detectar doenças não conhecidas e que isto pode ter impacto em minha vida pessoal, profissional, e em seguros / planos de saúde atuais ou a serem contratados no futuro, e seguro de vida.

Fui informado que a qualquer momento, pela avaliação médica, pode ser contra-indicada a minha doação de fígado, os motivos serão relatados e o

 CONS008. Doador vivo – fígado – avaliação pré-transplante.

processo será interrompido, e assim sendo serei excluído de possível doador vivo.

Também sei que a qualquer momento durante esta avaliação, estou livre para decidir, por qualquer motivo que não precisarei revelar, que não quero continuar o processo de avaliação, abandonando a ideia de ser um doador vivo de fígado.

Estou ciente que vou ser submetido a uma avaliação psicossocial, que pode contra-indicar a doação de parte do meu fígado e que irá avaliar:

- se estou apto a dar o consentimento para ser um doador vivo de fígado;
- as razões do porque quero doar meu fígado;
- se eu e minha família possuímos condições socioeconômicas e estamos aptos a suportar o estresse emocional, deste tipo de cirurgia.

Sei que avaliação pré-transplante não exclui doadores vivos de parte do fígado baseado em fatores como raça, etnia, religião, nacionalidade, gênero ou orientação sexual.

Assim autorizo o serviço de transplante de fígado do Hospital do Nossa Senhora do Rocio, a realizar a minha avaliação pré transplante para saber se tenho condicões de me tornar um doador vivo de parte de fígado.

Campo Largo_____ de _____ de _____

Assinatura_____

Testemunha 1 _____

Testemunha 2_____

Médico_____

 CONS009. Doador vivo – rim – avaliação pré-transplante.

Consentimento informado para avaliação pré transplante de doador vivo de rim para transplante intervivos de rim.

Eu_____,

RG_____

CPF_____,

Estou querendo doar um dos meus rins para o paciente _____, que apresenta insuficiência renal crônica.

Ainda, confirmo que estou querendo doar um dos meus rins sem estar sendo pressionado ou coagido para isto, e não estou tendo, e não pretendo, ganho secundário algum ou financeiro com a doação de meu rim.

Sei que a para doar meu rim, serei submetido a uma cirurgia de grande porte, com riscos de transfusão de sangue, complicações cirúrgicas diversas, e risco de óbito.

Fui informado que o paciente que necessita do transplante de rim está listado para transplante com doador cadáver no SNT, porém a equipe médica em conjunto com o paciente decidiram por transplante de rim com doador vivo devido à gravidade da doença, e ou o uso de hemodiálise e ou o risco de mortalidade em lista de espera.

Sei que para ser um doador vivo de rim para transplante, tenho que entender bem as 2 etapas a que serei submetido e seus riscos:

- **Primeira etapa:** avaliação médica e psicossocial para decidir se posso doar meu rim;
- **Segunda etapa:** a cirurgia que removerá meu rim.

Fui informado que este consentimento se refere apenas a primeira etapa, ou seja, a avaliação médica e psicossocial para saber se posso ser um doador.

| Revisado em: 19/07/2015 | 1 | |

 | CONS009. Doador vivo – rim – avaliação pré-transplante. |

Estou ciente que serei submetido a uma avaliação médica, para determinar meu estado atual de saúde e meu histórico de saúde. Além de exames de sangue, urina, pulmão e coração, exames de imagem mais específicos como ressonância magnética e ou tomografia computadorizada, dependendo da solicitação médica. Sei que serei submetido a exames para detectar doenças infecciosas transmissíveis como HIV, Hepatite B, C, Sífilis, entre outras. Fui informado que para realizar cada exame, serei informado de seus riscos, bem como terei acesso ao consentimento informado de cada exame.

Entendi, que durante estes exames posso detectar doenças não conhecidas e que isto pode ter impacto em minha vida pessoal, profissional, e em seguros / planos de saúde atuais ou a serem contratados no futuro, e seguro de vida.

Fui informado que a qualquer momento, pela avaliação médica, pode ser contra-indicada a minha doação de rim, os motivos serão relatados e o processo será interrompido, serei excluído de possível doador vivo. Os critérios usados para me classificar como apto a doar meu rim ou não são orientados pelo Sistema Nacional de Transplantes (SNT) e protocolos do serviço onde estou sendo atendido.

Também sei que a qualquer momento durante esta avaliação, estou livre para decidir, por qualquer motivo que não precisarei revelar, que não quero continuar o processo de avaliação, abandonando a idéia de ser um doador vivo de rim.

Estou ciente que vou ser submetido a uma avaliação psicossocial, que pode contra indicar a doação de rim, que irá avaliar :

- Se estou apto a dar o consentimento para ser um doador vivo de rim .
- As razões do porquê quero doar meu rim.
- Se eu e minha família possuímos condições socioeconômicas, e estamos aptos a suportar o estresse emocional, deste tipo de cirurgia.

| Revisado em: 19/07/2015 | 2 | |

 CONS009. Doador vivo – rim – avaliação pré-transplante.

Sei que avaliação pré-transplante não exclui doadores vivos de rim baseado em fatores como raça, etnia, religião, nacionalidade, gênero ou orientação sexual.

Assim autorizo o serviço de transplante de rim do Hospital do Nossa Senhora do Rocio, a realizar a minha avaliação pré transplante para saber se tenho condições de me tornar um doador vivo de rim

Campo Largo_____ de _____ de _____

Assinatura_____

Testemunha 1 _____

Testemunha 2_____

Médico_____

 | CONS010. Doador vivo – fígado – cirurgia do doador. |

Consentimento Informado para doador vivo de fígado para transplante – Cirurgia do Doador.

Eu _____,

CPF _____,

RG _____.

Declaro que:

Quero doar parte do meu fígado:

( ) lobo hepático direito do fígado (fígado direito)
( ) lobo hepático esquerdo do fígado (fígado esquerdo)
( ) segmento lateral esquerdo do fígado

Para o paciente _____, que apesenta doença hepática em estágio final devido a _____.

Passei por toda avaliação pré-transplante para doador vivo de parte do fígado, onde me tornei apto a doar parte do meu fígado para o transplante hepático inter-vivos.

Durante este período de avaliação pude tirar todas as minhas dúvidas com relação aos riscos deste procedimento para mim, para o receptor e dos benefícios em relação à outra modalidade do transplante (doador cadáver).

| Revisado em: 19/07/2015 | 1 | |

 | CONS010. Doador vivo – fígado – cirurgia do doador. |

Confirmo que estou doando parte do meu fígado sem estar sendo pressionado ou coagido para isto, e não estou tendo, e não pretendo, ganho secundário algum ou financeiro com a doação de parte do meu fígado.

Também sei que até o início da anestesia, estou livre para decidir, por qualquer motivo que não precisarei revelar, que não quero mais doar parte do meu fígado, suspendendo assim o procedimento.

Fui informado que o paciente que necessita do transplante está listado para transplante com doador cadáver no Sistema Nacional de Transplante, porém a equipe médica em conjunto com o paciente decidiram por transplante de fígado com doador vivo devido a gravidade da doença e o risco de mortalidade em lista de espera. Sei que o transplante com doador cadáver é uma alternativa para seu tratamento.

Estou ciente que o procedimento médico a ser realizado será a retirada de:

( ) lobo hepático direito do fígado (fígado direito)
( ) lobo hepático esquerdo do fígado (fígado esquerdo)
( ) segmento lateral esquerda do fígado

para transplante inter-vivos de fígado através de um corte de grande tamanho no abdome.

Sei que durante e após a cirurgia de retirada de parte do fígado podem ocorrer intercorrências como sangramento, infecção, problemas no coração, pulmão, circulação sanguínea, vazamento de bile, estreitamento no canal da bile, acumulo de bile no abdome, hérnia no local do corte, entre outros.

Fui informado que posso necessitar de outras cirurgias, entre inúmeros procedimentos para tratar estas intercorrências. Estes procedimentos serão realizados com novo consentimento, exceto nos casos de situações imprevisíveis emergenciais.

| Revisado em: 19/07/2015 | 2 | |

 | CONS010. Doador vivo – fígado – cirurgia do doador. |

Entendo que durante o procedimento de retirada de parte do fígado para transplante poderão apresentar-se situações ainda não diagnosticadas pelos exames realizados anteriormente e ainda poderão ocorrer situações imprevisíveis ou fortuitas.

Sei que serei submetido a uma cirurgia abdominal de grande porte, e que isso, num futuro, pode acarretar dificuldades se eu necessitar de outro tratamento cirúrgico no abdome devido a problemas de saúde futuros que possam vir a aparecer.

Estou ciente que posso necessitar transfusão de sangue e derivados, assim autorizo a transfusão de sangue e ou derivados conforme indicação médica

Fui informado que este é um procedimento de alta complexidade médica, que envolve risco de morte.

Sei que após o procedimento cirúrgico vou ficar internado em unidade de terapia intensiva (UTI) por tempo indeterminado, usando sondas e drenos conforme necessidade médica, após a alta da UTI fico internado em quarto de enfermaria no hospital também por tempo indeterminado.

Sei que mesmo com todos os cuidados tomados, o transplante pode não dar certo, ou seja, a parte do fígado que eu doei pode não funcionar no receptor levando ele ao óbito. Em alguns casos o receptor poderá necessitar de um novo transplante.

Estou ciente que a doação de parte do meu fígado para transplante pode ter impacto em minha vida pessoal, profissional, e em seguros / planos de saúde atuais ou a serem contratados no futuro, e seguro de vida.

Fui informado que para realizar a cirurgia vou receber anestesia, procedimento que será realizado por médico anestesiologista.

Assim por livre iniciativa autorizo que o procedimento de **retirada de parte do meu fígado para transplante hepático com doador vivo** seja realizado como o exposto no presente termo, bem como outros procedimentos para

 CONS010. Doador vivo – fígado – cirurgia do doador.

solucionar situações imprevisíveis emergenciais, para os médicos da equipe de transplante hepático do Hospital Nossa Senhora do Rocio, bem como seus assistentes ou profissionais por eles selecionados a intervir nos procedimentos de acordo com seu julgamento profissional, quanto a necessidade de co-participação.

Ainda permito a equipe médica do transplante hepático, utilize seu julgamento técnico para que sejam alcançados os melhores resultados possíveis através dos recursos conhecidos na atualidade pela medicina e disponíveis no local onde se realiza o tratamento.

Tive a oportunidade de esclarecer todas as minhas dúvidas relativas ao procedimento após ter lido e compreendido todas as informações deste documento, antes da assinatura.

Campo Largo_____ de _____de _____

Assinatura_____

Testemunha 1 _____

Testemunha 2_____

Médico_____

 CONS011. Doador vivo – rim – cirurgia do doador.

Consentimento Informado para doador vivo de rim para transplante – Cirurgia do Doador.

Eu _____,

CPF_____,

RG_____.

Declaro que:

Quero doar meu rim ( ) direito / ( ) esquerdo para o transplante renal do paciente _____ que apresenta insuficiência renal crônica.

Passei por toda avaliação pré-transplante para doador renal vivo, onde me tornei apto a doar meu rim para o transplante renal inter-vivos.

Durante este período de avaliação pude tirar todas as minhas dúvidas com relação aos riscos deste procedimento para mim, para o receptor, e dos benefícios em relação a outra modalidade do transplante (doador cadáver).

Confirmo que estou doando um dos meus rins sem estar sendo pressionado ou coagido para isto, e não estou tendo, e não pretendo, ganho secundário algum ou financeiro com a doação de meu rim.

Também sei que até o início da anestesia, estou livre para decidir, por qualquer motivo que não precisarei revelar, que não quero mais doar meu rim, suspendendo assim o procedimento.

Estou ciente que o procedimento médico a ser realizado será retirado o rim ( )direito / ( ) esquerdo, para transplante inter-vivos, por videolaparoscopia, e será realizado um pequeno corte no abdome para retirar o rim.

Revisado em: 19/07/2015	1	

 CONS011. Doador vivo – rim – cirurgia do doador.

Entendo que a cirurgia por videolaparoscopia consiste em um procedimento realizado com pequenas incisões no abdome, e colocação de câmera dentro da cavidade abdominal, múltiplas pinças para realizar a retirada do rim. Fui informado que existe a possibilidade da cirurgia não poder ser realizada por videolaparoscopia e ser necessário converter o procedimento para cirurgia aberta (tradicional) devido a intercorrências ou alterações anatômicas.

Sei que durante e após a cirurgia de retirada de rim pode ocorrer intercorrências como sangramento, infecção, problemas no coração, pulmão, circulação sanguínea, hérnia no local do corte, entre outros.

Fui informado que posso necessitar de outras cirurgias, entre inúmeros procedimentos para tratar estas intercorrências. Estes procedimentos serão realizados com novo consentimento, exceto nos casos de situações imprevisíveis e emergenciais.

Entendo que durante o procedimento de retirada de rim para transplante poderão apresentar-se situações ainda não diagnosticadas pelos exames realizados anteriormente e ainda poderão ocorrer situações imprevisíveis ou fortuitas.

Estou ciente que posso necessitar transfusão de sangue e derivados, assim autorizo a transfusão de sangue e ou derivados conforme indicação médica

Fui informado que este é um procedimento de alta complexidade médica, que envolve risco de morte.

Entendo que após a doação renal ficarei com apenas um rim, podendo no futuro necessitar de transplante renal, assim devo ter consultas médicas regulares e manter bons hábitos de vida para diminuir este risco.

Sei que mesmo com todos os cuidados tomados, o transplante pode não dar certo, ou seja, o rim que eu doei pode não funcionar no receptor, eventualmente resultando na necessidade de um novo transplante.

| Revisado em: 19/07/2015 | 2 | |

 CONS011. Doador vivo – rim – cirurgia do doador.

Estou ciente que a doação do rim para transplante pode ter impacto em minha vida pessoal, profissional, e em seguros / planos de saúde atuais ou a serem contratados no futuro, assim como seguros de vida.

Fui informado que para realizar a cirurgia vou receber anestesia, procedimento que será realizado por médico anestesiologista.

Fui informado que o paciente que necessita do transplante de rim está listado para transplante com doador cadáver no Sistema Nacional de Transplantes, e que esta é uma alternativa para seu tratamento.

Assim por livre iniciativa autorizo que o procedimento de **retirada de rim para transplante doador vivo** seja realizado como o exposto no presente termo, bem como outros procedimentos para solucionar situações imprevisíveis emergenciais, para os médicos da equipe de transplante renal do Hospital Nossa Senhora do Rocio, bem como seus assistentes ou profissionais por eles selecionados a intervir nos procedimentos de acordo com seu julgamento profissional, quanto a necessidade de co-participação.

Ainda permito a equipe médica do transplante renal, utilize seu julgamento técnico para que sejam alcançados os melhores resultados possíveis através dos recursos conhecidos na atualidade pela medicina e disponíveis no local onde se realiza o tratamento.

Tive a oportunidade de esclarecer todas as minhas dúvidas relativas ao procedimento após ter lido e compreendido todas as informações deste documento, antes da assinatura.

Campo Largo_____ de _____ de _____

Assinatura_____

Testemunha 1 _____

Testemunha 2 _____

Médico_____

Revisado em: 19/07/2015	3	

 CONS012. Aderência ao programa de transplante abdominal.

Consentimento informado para termo de aderência ao programa de transplantes de órgãos abdominais

O processo de transplante de órgao é algo muito complexo e o sucesso deste procedimento depende de sua aderência ao tratamento proposto e desenvolvido por nossa equipe de transplante. Esse planejamento inclui o seguinte:

- Consultas médicas regulares;
- Tomar seus medicamentos conforme prescrito;
- Manutenção de um peso saudável;
- Assegurar o comprometimento de sua família e/ou amigos para ajuda em seu cuidado antes e depois do transplante;
- Abstenção do uso de álcool, cigarro e drogas não prescritas por seus médicos;
- Realizar os exames nas datas programadas pelo seu médico, enquanto na lista de espera pelo órgão.

Assim declaro estar comprometido comigo, com minha família e com a equipe de transplante, a cuidar de minha pessoa nos seguintes termos:

- Eu seguirei o plano de tratamento como prescrito pelos medicos;
- Eu estarei presente nas consultas médicas regulares e tomarei as medicações prescritas;
- Eu vou ler os materiais educacionais fornecidos pela equipe médica e realizarei perguntas sobre os assuntos que eu não entender;
- Se por acaso eu tiver dúvida ou preocupação sobre qualquer parte

Revisado em: 19/07/2015

 | CONS012. Aderência ao programa de transplante abdominal. |

do tratamento, eu entrarei em contato com a equipe se a preocupação for urgente; caso contrário eu levantarei essa preocupação na próxima consulta marcada.

Eu entendo que o uso de álcool é proibido para qualquer pessoa com problemas graves de saúde. Eu me comprometo a não beber álcool, incluindo medicações que não necessitam prescrição médica e que contenham álcool, mesmo se o álcool não for a causa de minha doença.

Se a dependência do álcool foi identificado como parte de meu problema, eu **necessito demonstrar 6 meses de abstinência** antes de ser considerado para listagem de transplante. Caso requisitado eu irei providenciar à equipe transplantadora a documentação comprobatória da participação de programas de tratamento.

Eu não utilizarei nenhuma substância ou droga não prescrita pela equipe médica. Se caso eu tenha utilizado qualquer substância ilegal no passado, eu entendo que eu **necessito demonstrar 6 meses de abstinência** antes de ser considerado para listagem de transplante. Caso requisitado eu irei providenciar à equipe transplantadora a documentação comprobatória da participação de programas de tratamento.

Eu vou parar de fumar qualquer substância, incluindo maconha, cigarros, cachimbo ou qualquer derivado do tabaco. Eu **necessito demonstrar 6 meses de abstinência** antes de ser considerado para listagem de transplante.

Eu concordo em ser submetido a exames aleatórios de urina/sangue para

| Revisado em: 19/07/2015 | 2 | |

evidências de drogas, nicotina e/ou álcool. Eu reconheço que a equipe de transplante pode me chamar a qualquer momento e requisitar a realização desses testes. Recusa na realização dos testes em 24 horas será considerado um teste positivo e pode resultar na remoção da lista de espera de transplante.

Um incidente envolvendo álcool ou drogas ilícitas resultam na remoção permanente da lista de transplante.

O não cumprimento da programação de tratamento, incluindo presença nas consultas agendadas ou uso das medicações prescritas será visto como falta de comprometimento de minha parte. Ocorrências nesse sentido de maneira recorrente podem resultar na remoção da lista de transplante, conforme julgado pela equipe médica.

Uma vez em lista de espera, uma recusa no recebimento de órgão ofertado resulta em remoção permanente da lista de transplante.

Eu compreendo que a quebra desse contrato resulta na retirada de minha candidatura ao transplante. Eu entendo que a mudança e manutenção de hábitos comportamentais é difícil e que eu posso experimentar recaídas. Eu me comprometo a buscar ajuda imediata no caso de alguma violação desse contrato. Eu serei honesto em minhas requisições de suporte nas situações difíceis. Caso eu sinta que estou prestes a romper esse contrato, eu contatarei a equipe de transplante.

Sei que quando estiver listado para transplante devo realizer exames periódicos conforme orientação da equipe de transplante, para atualizaçao do

 | CONS012. Aderência ao programa de transplante abdominal. |

meu cadastro no Sistema Nacional de Transplante (SNT) e continuar concorrendo para receber o órgao.

A não atualização do sistema faz com que o paciente não concorra aos órgaos oferecidoas pelo SNT. A falta de justificativa para a não atualizaçao dos exames podem resultar na remoção da lista de transplante, conforme julgado pela equipe médica.

Fui informado que quando um órgão for disponibilizado para mim e por algum motivo o serviço de transplante em que estou listado tiver alguma indisponibilidade para realização do transplante, eu serei notificado e será oferecida a possibilidade de mudança de equipe transplantadora

Quando eu receber o transplante, eu compreendo que esses requerimentos devem continuar como um compromisso para toda a vida. Eu compreendo que a falha em cumprir esses requerimentos pode resultar em perda prematura da função do órgão transplantado e morte.

Campo Largo_____ de _____de _____

Assinatura_____

Testemunha 1 _____

Testemunha 2_____

Médico_____

| Revisado em: 19/07/2015 | 4 | |

www.ingramcontent.com/pod-product-compliance
Lightning Source LLC
Chambersburg PA
CBHW080913170526
45158CB00008B/2097